现代学徒制试点专业系列教材

石油加工技术

——原油蒸馏、催化裂化

刘立新　刘士伟　主编

SHIYOU JIAGONG JISHU
YUANYOU ZHENGLIU
CUIHUA
LIEHUA

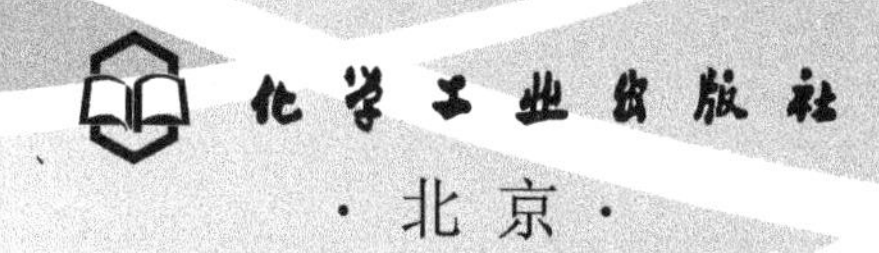

·北京·

内 容 简 介

本书内容紧贴石油化工生产实际，着力体现“产教融合、工学结合”的内在要求。内容包括原油蒸馏装置岗位群、催化裂化装置岗位群的岗位任务、操作规范、知识拓展及技能提升。每个典型的石油加工单元按照工艺认知、工艺原理及流程、装置开停工操作、工艺参数控制、装置应急处理等做系统介绍，同时适当补充了石油加工工艺的新发展、新技术。经过本课程的学习，学生可以达到企业要求的准员工标准，为将来胜任一线工作岗位奠定基础。

本书可作为高职高专院校化工技术类专业的教材，也可供相关企业技术人员参考。

图书在版编目（CIP）数据

石油加工技术：原油蒸馏、催化裂化/刘立新，刘士伟主编. —北京：化学工业出版社，2019.10
ISBN 978-7-122-35110-4

Ⅰ.①石… Ⅱ.①刘…②刘… Ⅲ.①原油-蒸馏-教材②石油炼制-催化裂化-教材 Ⅳ.①TE624

中国版本图书馆CIP数据核字（2019）第188231号

责任编辑：张双进　　装帧设计：王晓宇
责任校对：刘　颖

出版发行：化学工业出版社（北京市东城区青年湖南街13号　邮政编码100011）
印　　装：北京虎彩文化传播有限公司
787mm×1092mm　1/16　印张9½　字数230千字　　2020年10月北京第1版第1次印刷

购书咨询：010-64518888　　售后服务：010-64518899
网　　址：http://www.cip.com.cn
凡购买本书，如有缺损质量问题，本社销售中心负责调换。

定　　价：38.00元

前言

化学工业是我国重要的基础性产业和支柱性产业之一，为农业、能源、交通、机械、电子、纺织、轻工、建筑、建材等行业和人们日常生活提供配套和服务，在国民经济中占有举足轻重的地位。

石油产品主要包括各种燃料油（汽油、喷气燃料、柴油等）和润滑油以及液化石油气、石油焦炭、石蜡、沥青等。生产这些产品的加工过程常被称为石油炼制，简称炼油。

本书是根据教育部《关于深化职业教育教学改革全面提高人才培养质量的若干意见》(教职成［2015］6号）文件精神，按照教育部颁发的《高等职业学校专业教学标准》中石油化工技术专业标准，参照石化企业装置操作规程而编写的。在编写过程中，吸收了近年高职教育教学改革的先进成果，征求了企业专家和生产一线工程技术人员的意见，力求集先进性、实用性、职业性于一体。本书既考虑传统教学方式，又适应于新型项目化教学和模块化教学需要；既可供高职高专院校化工类专业学生使用，也可作为化工企业操作人员培训教材。

本书内容紧贴石油化工生产实际，着力体现“产教融合、工学结合”的内在要求。根据石油化工类专业学生就业岗位群要求，基于石油化工生产工作过程，精选典型工作任务，重视动手能力、应用能力和职业素养的培养，利于实施“育训结合”“双证通融”“校企合作、工学结合”及“现代学徒制”等人才培养模式，充分反映职业教育特色及教学改革要求。

本书依据石油化工产业布局，以原油的一次加工、二次加工为主线，坚持“实装、实岗、实操、实用”的原则，引入职业标准、岗位标准和生产操作规范，系统介绍了典型生产装置的工艺原理、工艺流程、主要典型设备、主要操作控制技术、开停车操作、应急处理等内容。经过本课程的学习，学生可以达到企业要求的准员工标准，为将来胜任一线工作岗位奠定基础。

本教材由学校和企业人员共同编写，参加教材编写工作的人员有：吉林工业职业技术学院刘立新（模块一，模块二：项目三、项目四，附录）、王蕾（模块二），吉林省松原石油化工股份有限公司李薇、于维广。全书由刘立新、王蕾统稿，刘立新、刘士伟担任主编。吉林工业职业技术学院张喜春同志审阅了试用教材。吉林省松原石油化工股份有限公司高级工程师关锐清参加了本教材的编写，并担任主审。

本教材是产教融合、校企合作的成果。在教材编写过程中，编者参考了已出版的相关教材和企业技术资料，以吉林工业职业技术学院国家级现代学徒制试点项目为载体，得到吉林省松原石油化工股份有限公司、中国石油天然气股份有限公司吉林石化分公司技术人员的大力支持，在此谨向教材编写过程中作出贡献的单位和同志们致以衷心的感谢！

限于编者的水平和经验，书中不妥之处在所难免，衷心希望同行和使用者批评指正。

编者

2019 年 5 月

目录

模块一　原油蒸馏装置

模块一
原油蒸馏装置

项目一　原油蒸馏装置认知

一、装置作用与地位

原油蒸馏装置是以原油为原料的一次加工装置，是原油加工的第一道工序，在石油加工工艺总流程中具有重要作用，常被炼油厂和石化企业称为“龙头”装置。

原油经过蒸馏分离成各种油品和下游装置的原料，装置的分离精度、轻油收率、总拔出率、能耗和平稳运行等对炼油厂的产品分布、产品质量、收率、安稳长运行及原油的有效利用都有很大的影响。特别是装置大型化后，原油蒸馏装置的安全、稳定、长周期运行对炼油厂的正常运行尤为突出。

典型炼油工艺流程见图1-1。

二、装置原料与产品

原油蒸馏装置所得的产品只是半成品或中间产品，不能直接作为石油产品使用，有的产品经过调和、精制等工艺成为石油产品，有的成为二次加工（例如催化重整、加氢精制等）的原料。

（一）原料

（1）原料名称　原油，又叫石油。

（2）理化性质　一种黏稠的、深褐色（有时有点绿色）液体。沸点自常温至500℃以上，闪点为－6～155℃，相对密度为0.78～0.97，爆炸极限为1.1%～8.7%，火灾危险性甲类，易燃液体。

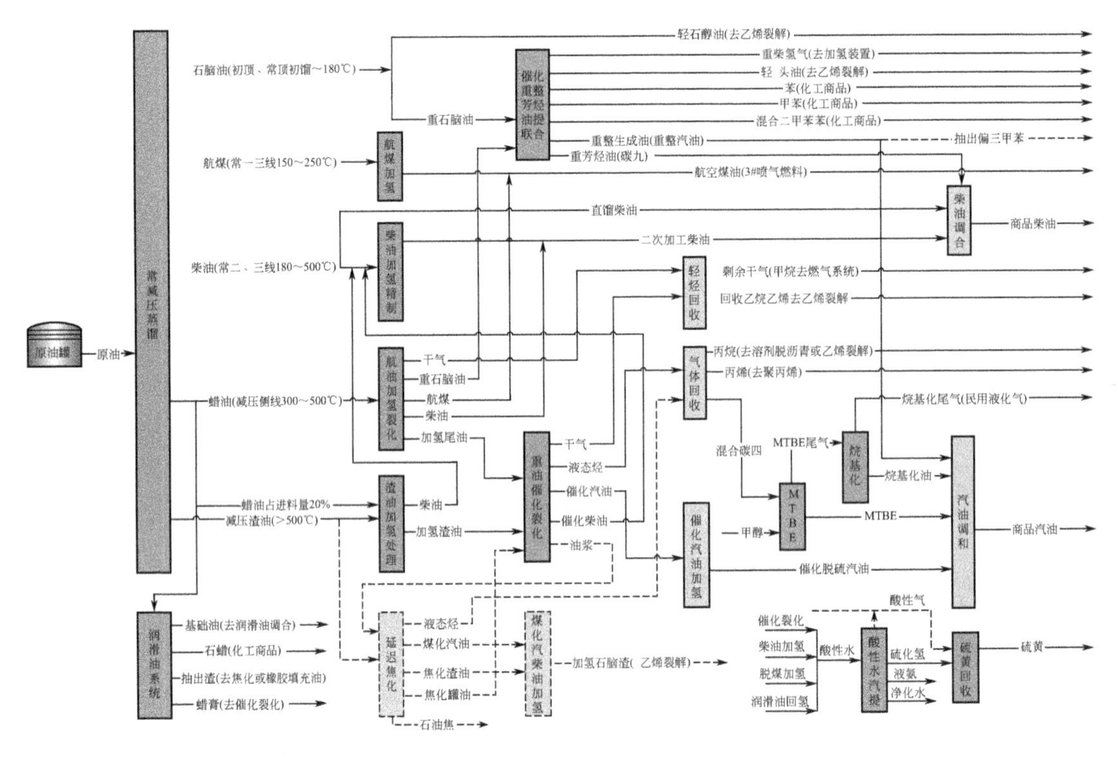

图 1-1 典型炼油工艺流程

(3) 主要用途 原油经常减压蒸馏加工后，可得到汽油、喷气燃料、灯用煤油、轻重柴油、蜡油和渣油等产品，大部分产品通常作为下游二次加工装置或化工装置的原料。

1. 外观性质

原油是烃类化合物的复杂混合物，其外观主要表现在其颜色、密度、流动性、气味上，表 1-1 列出了各类原油的主要外观性质。由于世界各地所产的原油在化学组成上存在差异，因而其外观性质上也存在不同程度的差别。

表 1-2 为我国几种原油的主要物理性质。

表 1-1 原油的主要外观性质

性状	影响因素	常规原油	特殊原油	我国原油
颜色	胶质和沥青质含量越多,石油的颜色越深	大部分石油是黑色,也有暗绿或暗褐色	显赤褐、浅黄色,甚至无色	四川盆地:黄绿色 玉门:黑褐色 大庆:黑色
相对密度	胶质、沥青质含量多,石油的相对密度就大	一般在 0.80 ～ 0.98 之间	个别高达 1.02 或低到 0.71	一般在 0.85～0.95 之间,属于偏重的常规原油
流动性	常温下石油中含蜡量少,其流动性好	一般是流动或半流动状的黏稠液体	个别是固体或半固体	蜡含量和凝固点偏高,流动性差
气味	含硫量高,臭味较浓	有程度不同的臭味		含硫相对较少,气味偏淡

表 1-2 我国几种原油的主要物理性质

原油名称	大庆油田	胜利油田	孤岛油田	辽河油田	华北油田	中原油田	新疆吐哈油田	鲁宁管输原油
密度(20℃)/(g/cm³)	0.8554	0.9005	0.9495	0.9204	0.8837	0.8466	0.8197	0.8937

续表

原油名称	大庆油田	胜利油田	孤岛油田	辽河油田	华北油田	中原油田	新疆吐哈油田	鲁宁管输原油
运动黏度(50℃)/(mm^2/s)	20.19	83.36	333.7	109.0	57.1	10.32	2.72	37.8
凝点/℃	30	28	2	17(倾点)	36	33	16.5	26.0
蜡含量(质量分数)/%	26.2	14.6	4.9	9.5	22.8	19.7	18.6	15.3
庚烷沥青质(质量分数)/%	0	<1	2.9	0	<0.1	0	0	0
残炭(质量分数)/%	2.9	6.4	7.4	6.8	6.7	3.8	0.90	5.5
灰分(质量分数)/%	0.0027	0.02	0.096	0.01	0.0097	—	0.014	—
硫含量(质量分数)/%	0.10	0.80	2.09	0.24	0.31	0.52	0.03	0.80
氮含量(质量分数)/%	0.16	0.41	0.43	0.40	0.38	0.17	0.05	0.29
镍含量/($\mu g/g$)	3.1	26.0	21.1	32.5	15.0	3.3	0.50	12.3
钒含量/($\mu g/g$)	0.04	1.6	2.0	0.6	0.7	2.4	0.03	1.5

2. 元素组成

原油主要由C、H、S、N、O等元素组成，除以上五种主要元素外，在原油中还存在微量的金属元素和非金属元素。金属元素主要有钒（V）、镍（Ni）、铁（Fe）、铜（Cu）、铅（Pb）、钙（Ca）、钛（Ti）、镁（Mg）、钠（Na）、钴（Co）、锌（Zn），非金属元素主要有氯（Cl）、硅（Si）、磷（P）、砷（As）等。表1-3中列出了原油中元素的组成（质量分数）。

表1-3　原油中元素的组成（质量分数）

原油元素组成	常规原油中元素含量①	特殊原油	我国原油
主要元素 (C、H)	C:83%～87% H:11%～14% 合计:96%～99%		H/C原子比高，油品轻，油收率高
少量元素 (S、N、O)	S:0.06%～0.8% N:0.02%～1.7% O:0.08%～1.82% 合计:1%～4%	委内瑞拉(博斯坎)原油含硫量高达5.7%；阿尔及利亚原油含氮量高达2.2%	含S量偏低，多数<1%，含N量偏高，多数>0.3%
微量金属、非金属元素(30余种)	金属元素和非金属元素含量甚微，在10^{-6}～10^{-9}级		大多数原油Ni多，V少

① 含量均为质量分数。

3. 化合物组成

(1) 烃类化合物

原油主要由各种不同的烃类组成。原油中究竟有多少种烃，至今尚未无法说明，但已确定的烃类主要由烷烃、环烷烃和芳香烃这三种烃类构成。原油及其馏分中所含有的烃类类型及其分布规律见表1-4。

表1-4　原油及其馏分中烃类类型及其分布规律

类型	结构	特征	分布规律
烷烃	正构烷烃(含量高) 异构烷烃(含量低，且带有二个或三个甲基的多)	C_1～C_4:气态 C_5～C_{15}:液态 C_{16}以上为固态	1. C_1～C_4是天然气和炼厂气的主要成分； 2. C_5～C_{10}存在于汽油馏分(200℃)中； 3. C_{11}～C_{15}存在于煤油馏分(200～300℃)中； 4. C_{16}以上的多以溶解状态存在于石油中，当温度降低，有结晶析出，这种固体烃类为蜡

续表

类型	结构	特征	分布规律
环烷烃（只有五元、六元环）	环戊烷系（五元环）	单环、双环、三环及多环，并以并联方式为主	1.汽油馏分中主要是单环环烷烃（重汽油馏分中有少量的双环环烷烃）； 2.煤油、柴油馏分中含有单环、双环及三环环烷烃，且单环环烷烃具有更长的侧链或更多的侧链数目； 3.高沸点馏分中则包括了单环、双环、三环及多于三环的环烷烃
	环己烷系（六元环）		
芳香烃	单环芳烃	烷基芳烃	1.汽油馏分中主要含有单环芳烃； 2.煤油、柴油及润滑油馏分中不仅含有单环芳烃，还含有双环及三环芳烃； 3.高沸馏分及残渣油中，除含有单环、双环芳烃外，主要含有三环及多环芳烃
	双环芳烃	并联多（萘系）、串联少	
	三环稠合芳烃	菲系多于蒽系	
	四环稠合芳烃	蒎系等	

（2）非烃类化合物

原油中的非烃类化合物主要指含硫化合物、含氮化合物、含氧化合物。这些元素的含量虽仅为1%～4%，但非烃类化合物的含量都相当高，可高达20%以上。非烃类化合物在原油馏分中的分布是不均匀的，大部分集中在重质馏分和残渣油中。非烃类化合物的存在对原油加工和原油产品使用性能影响很大，绝大多数精制过程都是为了除去这类非烃类化合物。

4. 馏分组成

原油是一个多组分的复杂混合物，每个组分有其各自不同的沸点。蒸馏（或分馏）就是根据各组分沸点的不同，用蒸馏的方法把原油“分割”成几个部分，这每一部分称为“馏分”。从原油直接分馏得到的馏分称为直馏馏分，其产品称为直馏产品。

通常把沸点<200℃的馏分称汽油馏分或低沸馏分，200～350℃的馏分称煤、柴油馏分或中间馏分，350～500℃的馏分称减压馏分或高沸馏分，大于500℃的馏分为渣油馏分。

必须注意，原油馏分不是石油产品，原油产品必须满足油品规格要求。通常馏分油要经过进一步加工才能变成石油产品。此外，同一沸点的馏分也可以因目的不同而加工成不同产品。

（二）产品

1. 直馏汽油

产品来源：一般由初馏塔和常压塔塔顶拔出。

理化性质：无色或淡黄色易挥发液体，具有特殊臭味。沸点为40～200℃，熔点<－60℃，闪点为－50℃，引燃温度为415～530℃，爆炸极限为1.3%～6.0%，相对密度为0.70～0.79，火灾危险性甲类，易燃易爆液体。

主要用途：作为裂解制乙烯原料或者催化重整原料，现在的常压装置出不了任何石油成品。

2. 直馏煤油

产品来源：一般由常压塔第一侧线抽出。

理化性质：水白色至淡黄色易挥发液体，略有臭味。沸点为175～325℃，闪点为43～72℃，自燃温度为210℃，爆炸极限为0.7%～5.0%，相对密度为0.80～1.0，火灾危险性乙类，易燃易爆液体。

主要用途：作为喷气燃料装置原料、柴油加氢装置原料或者乙烯裂解原料。

3. 直馏柴油

产品来源：可分为轻柴油和重柴油，分别从常压塔第二侧线和第三侧线抽出。

理化性质：稍有黏性的棕色液体。沸点为280～370℃，熔点为－35～20℃，闪点为45～63℃，自燃温度为257℃，相对密度为0.87～0.9，火灾危险性乙类，易燃易爆液体。

主要用途：作为柴油加氢装置原料或者裂解制乙烯原料。

4. 重质馏分油

产品来源：也叫减压馏分油，从减压塔侧线抽出，分轻蜡和重蜡。

主要用途：轻蜡作为加氢裂化装置原料或者润滑油装置原料，重蜡作为催化裂化装置原料。

5. 渣油

产品来源：可分为常压渣油和减压渣油，分别从常压塔塔底和减压塔塔底抽出。

理化性质：黑色黏稠状液体，具有特殊异味。受高温热分解，放出腐蚀性、刺激性的烟雾。

主要用途：作为催化裂化装置、渣油加氢装置、延迟焦化装置、脱沥青装置的原料或者作为燃料。

三、装置工艺与组成

原油蒸馏装置是根据产品以及下游工艺装置对原料的要求，通过加热、分馏和冷却等方法把原油分割成为不同沸点范围的馏分。因此，使用不同的原油、产出不同的产品，就要有不同的加工方案和工艺流程。

（一）装置类型

按产品用途的不同，原油蒸馏装置大致分为燃料型、燃料-润滑油型和燃料-化工型三类。

1. 燃料型

（1）工艺流程

燃料型原油蒸馏工艺的主要目的是生产燃料，工艺流程如图1-2所示。

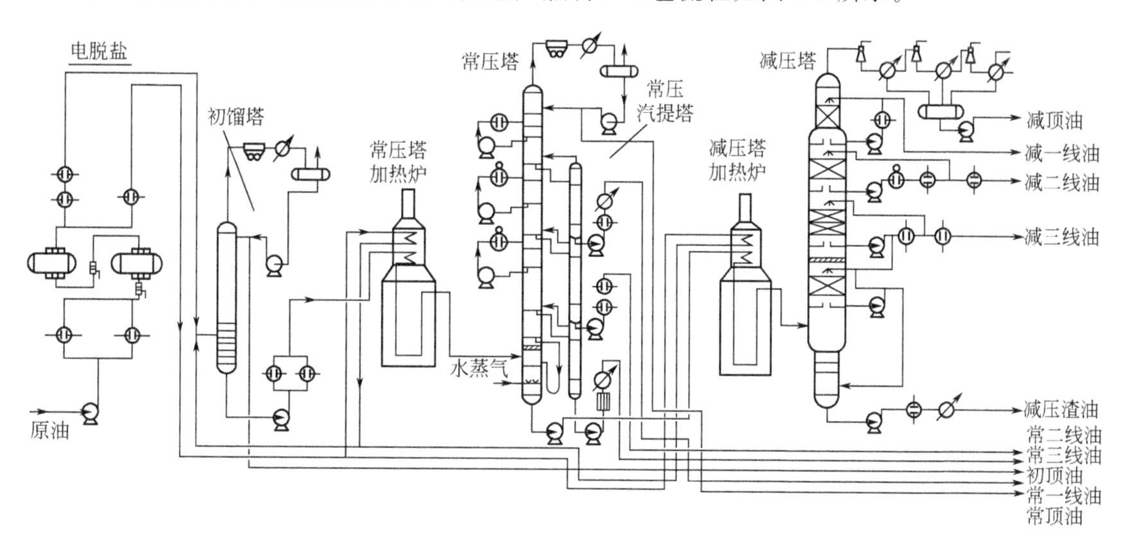

图1-2　燃料型原油蒸馏工艺流程

（2）工艺特点

① 一般在常压塔前设置初馏塔或闪蒸塔。

② 常压塔设置3～4个侧线。生产汽油（石脑油）、溶剂油、煤油（喷气燃料）、轻柴油、重柴油等产品或调和组分。

③ 常压塔各侧线一般都设汽提塔，用于调整各侧线产品的闪点和馏程范围。

④ 减压塔侧线出催化裂化料或加氢裂化料。产品较简单，分馏精度要求不高，故只设2～3个侧线。

⑤ 减压塔侧线不设汽提塔。对最下一个侧线，为保证金属和残炭合格，故设洗涤段。

⑥ 减压一般采用三级抽真空。

2. 燃料-润滑油型

（1）工艺流程

燃料-润滑油型原油蒸馏工艺是以生产燃料和润滑油为目的的加工过程，工艺流程如图1-3所示。

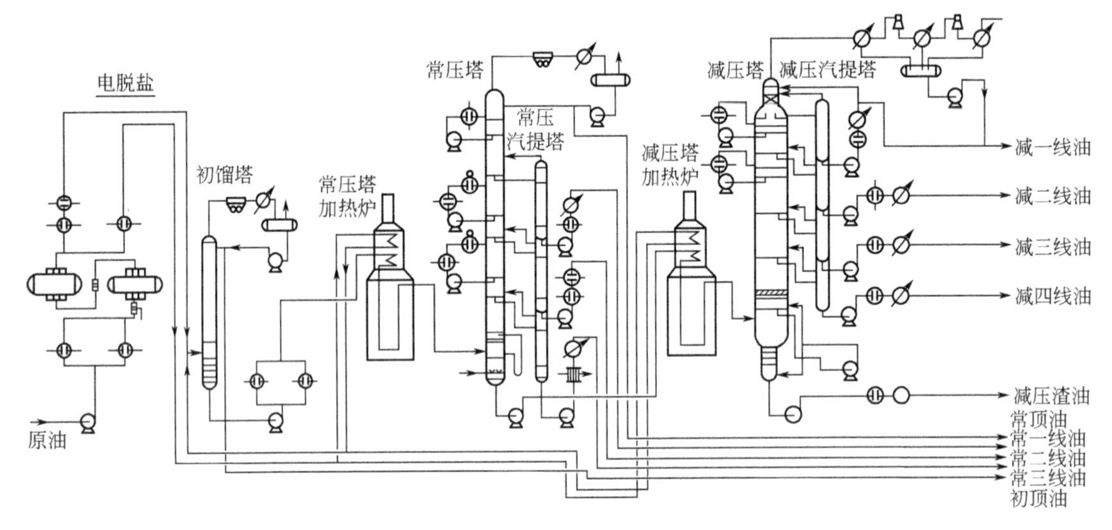

图1-3 燃料-润滑油型原油蒸馏工艺流程

（2）工艺特点

① 常压系统在原油和产品要求与燃料型相同，流程相同。

② 减压系统流程较复杂，减压塔要出各种润滑油原料组分，一般设4～5个侧线。

③ 减压塔侧线设置汽提塔，改善各馏分的馏程范围。

④ 控制减压炉管内最高油温不大于395℃，以免油料局部过热而裂解。

⑤ 减压炉和减压塔注入水蒸气，改善炉管内流行和降低闪蒸段油气分压。

⑥ 进料段以上设置洗涤段，改善产品质量。

3. 燃料-化工型

化工型原油蒸馏工艺是以生产裂解原料为主要目的加工过程，工艺流程如图1-4所示。工艺特点如下。

① 化工型是三类流程中最简单的。

② 常压蒸馏系统一般不设初馏塔而设闪蒸塔。

③ 常压塔设置2～3个侧线，产品作为裂解原料，分离精度要求低，塔板数可减少。

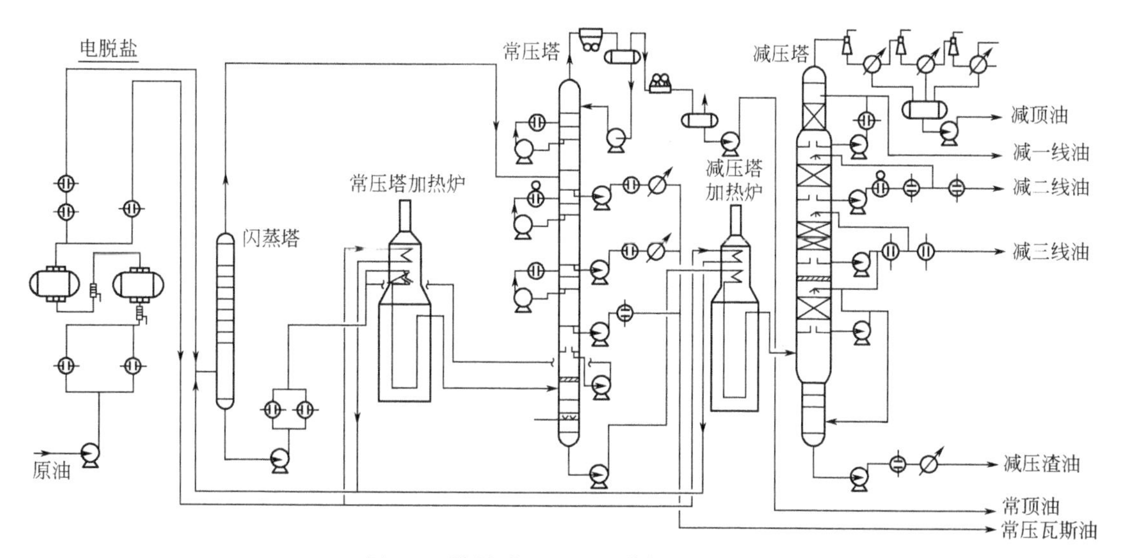

图 1-4　燃料-化工型原油蒸馏工艺流程

④ 常压塔各侧线不设汽提塔。

⑤ 减压蒸馏系统与燃料型基本相同。

（二）装置工艺

1. 常压蒸馏

常压蒸馏装置流程简单，设备、管线及建筑用钢材耗量较少，基建投资少，消耗指标低，适宜在特殊条件下选用。比如加工原油性质轻，蜡、渣油量少，或原油重金属含量、硫含量较低，常压渣油可全部或部分作催化裂化装置原料，而且也有可能用作加氢裂化装置的原料。也可根据全厂总流程的需要，作为常压渣油加氢脱硫（Atmospheric residue hydrodesulfurization，ARDS）的原料。在此条件下，能进一步合理利用常压渣油时，选用常压蒸馏流程是经济合理的。常压蒸馏可分为单塔和双塔流程，其示意流程如图 1-5 所示。

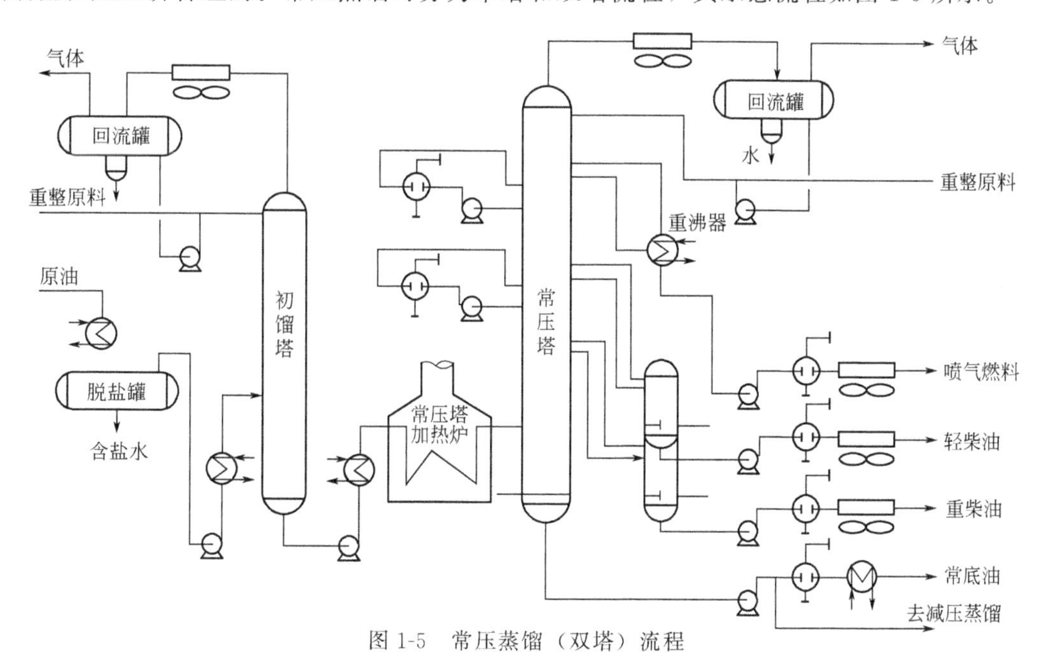

图 1-5　常压蒸馏（双塔）流程

2. 初馏-常压-减压蒸馏

初馏-常压-减压蒸馏工艺是二炉三塔工艺流程最典型，也是最传统的原油蒸馏流程。特点是流程简单、原油适应性较强、设备设施少，如图 1-6 所示。

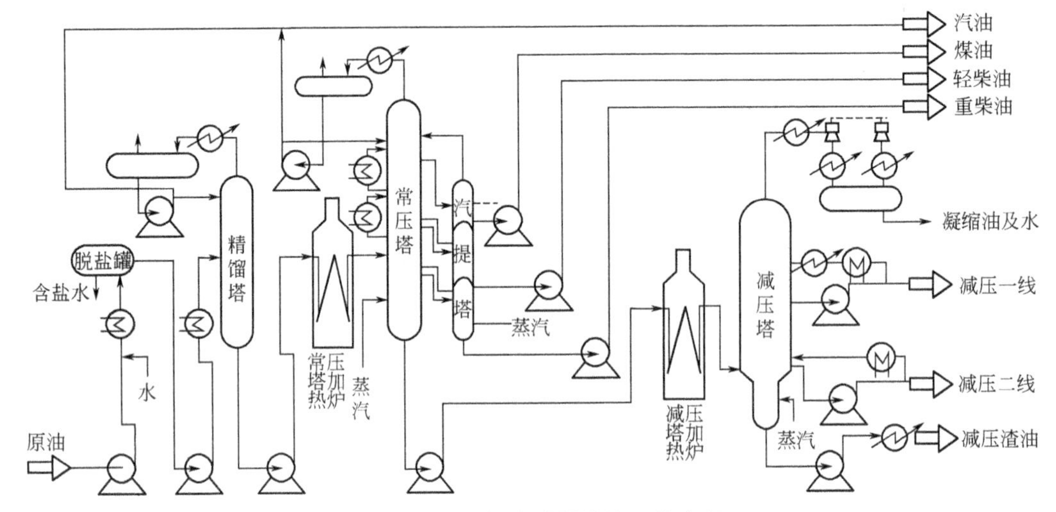

图 1-6 初馏-常压-减压蒸馏工艺流程

3. 多段闪蒸-常压-减压蒸馏

多段闪蒸-常压-减压蒸馏典型的流程是预闪蒸、常压蒸馏、减压蒸馏。预闪蒸可以是一级，也可以是两级及以上。该类流程的特点是可减少常压炉负荷，并节约能量，适合加工含有较多杂质、轻质原油。二段闪蒸-常压-减压蒸馏流程如图 1-7 所示。

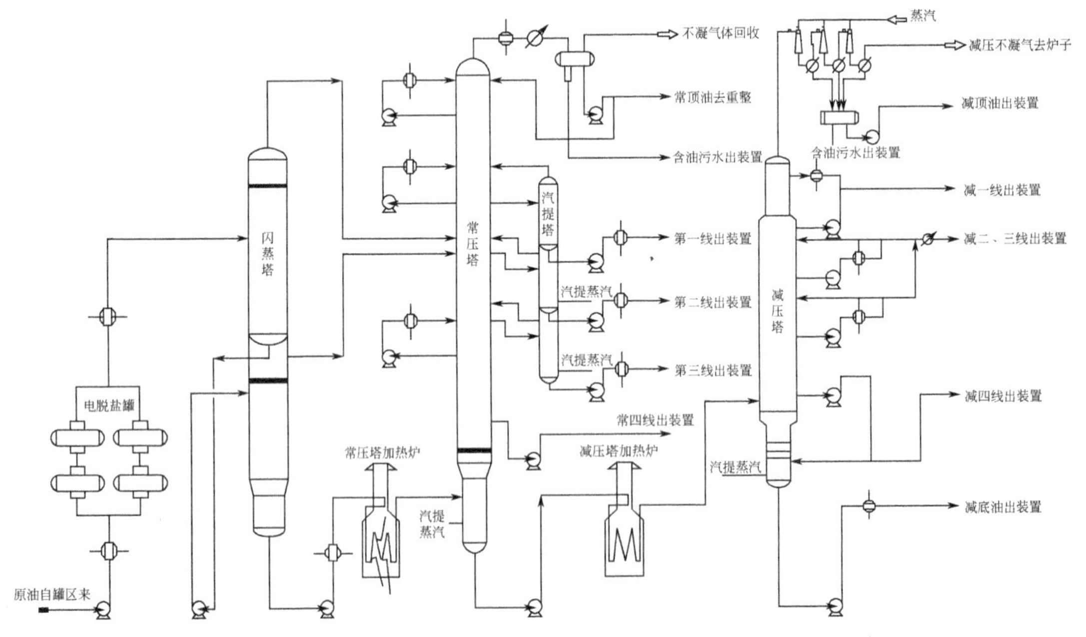

图 1-7 二段闪蒸-常压-减压蒸馏流程

4. 四级蒸馏

随着原油加工能力的不断提高，千万吨级大型石化企业的陆续建设，作为龙头装置的原油蒸馏装置扩能改造项目也在不断增多，装置呈现大型化趋势。为减少投资、并在较短的施工周期进行装置的改造，近年国内推出了四级蒸馏技术。

四级蒸馏的工艺流程为三炉四塔四级蒸馏工艺，即初馏塔、常压炉、常压塔、一级减压炉、一级减压塔、二级减压炉和二级减压塔，如图 1-8 所示。

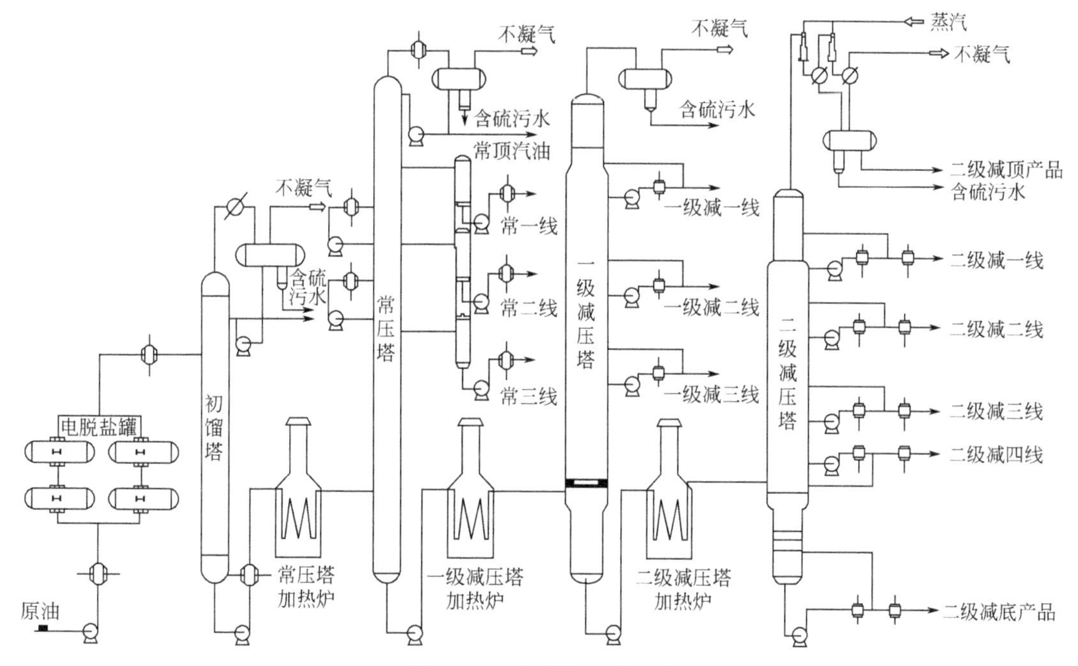

图 1-8　四级蒸馏工艺流程

（三）装置组成

原油蒸馏装置依据工艺原理主要由原油预处理和原油蒸馏两个单元组成，通常包括换热系统、电脱盐系统、初馏系统、常压系统、减压系统等。

1. 原油预处理

原油预处理单元主要由原油换热系统和电脱盐系统构成，用于加热原油和脱除原油中的无机盐、水及杂质。

（1）换热系统

① 作用：将需要加热的原油与将要出装置的各馏分，通过一定科学搭配的换热器网络进行换热，以回收各温位的热量，达到工艺要求及节能目的。

② 主要设备：换热器。

（2）电脱盐系统

① 作用：脱除原油中的无机盐、水和杂质，从而保障装置稳定运行，是原油预处理的核心。

② 主要设备：电脱盐罐。

2. 原油蒸馏

原油蒸馏单元主要由初馏系统、常压系统和减压系统构成，是将原油中各组分按其沸点（相对挥发度）的不同进行分离，生产各种产品或为下游二次加工装置提供原料的装置。

（1）初馏系统

① 作用：将原油在换热升温过程中已经汽化的轻组分汽油和 $C_1 \sim C_4$，及其含有的酸性

物质、少量的水除掉，从而减低加热炉的热负荷和稳定常压塔的操作。

② 主要设备：初馏塔或闪蒸塔。

初馏塔与闪蒸塔的差别，在于前者出塔顶产品，而后者不出塔顶产品，塔顶蒸气进入常压塔中上部，因而前者有冷凝和回流设施，而后者无冷凝和回流设施。

(2) 常压系统

① 作用：在常压条件下，将原油分为各种原油馏分，包括轻质烃、汽油、煤油、柴油和常压重油。

② 主要设备：加热炉、常压塔和汽提塔。

(3) 减压系统

① 作用：在减压条件下，将常压重油分成减压馏分和减压渣油。

② 主要设备：减压炉、减压塔和抽真空系统。

(四) 装置工艺原理

原油蒸馏是原油加工的第一道工序，根据原油中各组分的沸点（挥发度）不同用加热的方法从原油中分离出各种原油馏分。其中常压蒸馏蒸馏出低沸点的石脑油、煤油、柴油等组分，而沸点较高的蜡油、渣油等组分留在未被分出的液相中。将常压渣油经过加热后，送入减压蒸馏系统，使常压渣油在避免裂解的较低温度下进行分馏，分离出柴油、加氢裂化原料、催化裂化原料等二次加工原料，剩下减压渣油作为焦化装置的原料。其主要工艺原理如下。

1. 电脱盐原理

电脱盐是通过在原油中注水，使原油中的盐分溶于水中，再通过注破乳剂，破坏油水界面和油中固体盐颗粒表面的吸附膜，然后借助高压电场的作用，使水滴感应极化而带电，通过高压电场的作用，带不同电荷的水滴互相吸引，融合成较大的水滴，借助油水密度差使油水分层，油中的盐随水一起脱去。

水滴沉降速度由下式得出：

$$\mu=(d^2\times\Delta r\times g)/(18\times r\times\rho_{油})$$

式中 d——水滴直径，mm；

Δr——油水密度差；

$\rho_{油}$——原油黏度，mm^2/s；

g——重力加速度，m/s^2。

2. 蒸馏原理

原油是极其复杂的混合物，要从原油中提炼出多种燃料和润滑油产品，基本途径是将原油分割成为不同馏程的馏分，然后按照油品的使用要求除去这些馏分中的非理想组分，或者是由化学转化形成所需要的组成从而获得一系列产品。

基于此原因，炼油厂必须解决原油的分割和各种石油馏分在加工、精制过程中的分离问题，而蒸馏正是一种合适的手段。它能够将液体混合物按组分的沸点或蒸气压的不同而分离为轻重不同的馏分，或者是近乎纯的产品。

根据原油中各组分挥发度不同，即它们之间的差异，通过加热，在塔的进料段处产生一次汽化，上升汽体与塔顶打入的回流液体通过塔盘逆流接触，以其温度差和相间浓度差为推动力进行双向传热传质，经过汽体的逐次冷凝和液体的渐次汽化，使不平衡的汽液两相通过密切接触而趋近平衡，从而使轻重组分得到一定程度的分离。

常减压蒸馏装置，是以加热炉和精馏塔为主体而组成的所谓管式蒸馏装置。经过预处理的原油流经一系列换热器，与温度较高的蒸馏产品及回流油换热，进入闪蒸塔（或初馏塔），闪蒸出（或馏出）部分轻组分，塔底拔头原油继续换热后进入加热炉被加热至一定温度，进入精馏塔。此塔在接近大气压下操作，故称为常压塔。在这里原油被分割成不同馏分，从塔顶出石脑油，侧线出煤油、柴油等馏分，塔底产品为常压重油，沸点一般高于350℃。为了进一步生产润滑油原料和催化原料，如果把重油继续在常压下蒸馏，则势必将温度提高到400～500℃。此时，重油中的胶质、沥青质和一些对热不安定组分会发生裂解、缩合等反应，这样一则降低了产品质量，二则加剧了设备结焦。因此，必须将常压重油在减压（真空）条件下进行蒸馏。降低外压可使物质的沸点下降，故而可以进一步从常压重油中馏出重质油料，此蒸馏设备就叫减压塔。减压塔底产物中集中了绝大部分的胶质、沥青质和高沸点（500℃以上）的油料，称为减压渣油，这部分渣油可以进一步加工制取高黏度润滑油、沥青、燃料和焦炭。减压蒸馏温度（减压塔进料温度）一般限制在420℃以下。

这种配有常压和减压的精馏装置称为常减压蒸馏装置。

（1）常压蒸馏原理

常压系统的目的主要是通过精馏过程，在常压条件下，将原油中的汽油、煤油、柴油馏分切割出来，生产合格的汽油、煤油、柴油及部分裂化原料。

常压系统的原理即为油品精馏原理。

精馏原理：精馏原理是一种相平衡分离过程，其重要的理论基础是汽-液相平衡原理，即拉乌尔定律。

$$p_A=p_A^0X_A;p_B=p_B^0X_B=p_B^0(1-X_A)$$

式中　p_A，p_B——溶液上方组分A及B的饱和蒸气压；

p_A^0，p_B^0——纯组分A及B的饱和蒸气压；

X_A，X_B——溶液中组分A及B的摩尔分数。

此定律表示在一定温度下，对于那些性质相似，分子大小又相近的组分（如甲醇、乙醇）所组成的理想溶液中，溶液上方蒸气中任意组分的分压，等于此纯组分在该温度下的饱和蒸气压乘以它在溶液中的摩尔分数。

精馏过程是在装有很多塔盘的精馏塔内进行的。塔底吹入水蒸气，塔顶有回流。经加热炉加热的原料以汽液混合物的状态进入精馏塔的汽化段，经一次汽化，使汽液分开。未汽化的重油流向塔底，通过提馏进一步蒸出其中所含的轻组分。从汽化段上升的油气与下降的液体回流在塔盘上充分接触，汽相部分中较重的组分冷凝，液相部分中较轻的组分汽化。因此，油气中易挥发组分的含量将因液体的部分汽化，使液相中易挥发组分向气相扩散而增多；油气中难挥发组分的含量因气体的部分冷凝，使气相中难挥发组分向液相扩散而增多。这样，同一层塔板上互相接触的汽液两相就趋向平衡。它们之间的关系可用拉乌尔定律说明。通过多次这样的质量、热量交换，就能达到精馏目的。

以下是一层塔盘上汽-液交换的详细过程。

如图1-9所示，当油气（V）上升至n层塔盘时，与从（$n+1$）层塔盘下来的回流液体（L）相遇，由于上升的油气温度高，下降的回流液体温度较低，因此高温的油气与低温的回流液体接触时放热，使其中高沸点组分冷凝。同时，低温的回流液体吸热，并使其中的低沸点组分汽化。这样，油气中被冷凝的高沸点组分和未被汽化的回流液体组成了新的回流液体（L'）。从 n 层下降为（$n-1$）层的回流液体中所含高沸点组分要比降至 n 层塔盘的回流液体中的高沸点组分含量多，而上升至（$n+1$）层塔盘的油气中的低沸点组分含量要比上升至 n 层的油气中低沸点组分含量多。

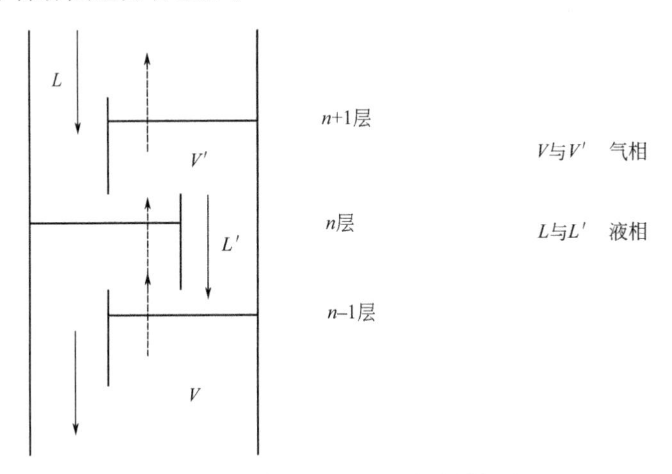

图 1-9　一层塔盘上汽-液交换的详细过程

同样类似地离开（$n+1$）层塔盘的油气，还要与（$n+2$）层下来的回流液体进行热量、质量交换。原料在每一块塔盘上就得到一次微量的分离。显然，如果有极多个塔盘的话，原料便能分离出纯度很高的产品。

一个完整的精馏塔一般包括三部分：上段为精馏段，中段为汽化段，下段为提馏段。

（2）减压蒸馏原理

减压系统分减压塔和塔顶抽真空系统，其目的主要是通过精馏过程，在减压条件下，进一步将常压渣油中的蜡油馏分切割出来，生产合格的裂化原料。

在某一温度下，液体与在其液面上的蒸气呈平衡状态，由此蒸气所产生的压力称为饱和蒸气压，饱和蒸气压的高低表明了液体中的分子离开液体汽化或蒸发的能力，饱和蒸气压越高，就说明液体越容易汽化。蒸气压的大小与物质的性质如分子量、化学结构等有关，同时也和体系的温度有关，对于有机化合物常采用安托因方程式计算：

$$\ln p_i^0 = A_i - B_i/(T+C_i)$$

式中　p_i^0——i 组分的蒸气压；

　　T——系统温度。

根据上式可以看出，蒸气压随温度的降低而降低，或者说沸点随系统压力降低而降低。原油是沸程范围很宽的复杂混合物，对我国多数原油来说，其中沸点在 350～500℃馏分占总馏出物的 50%左右。油品在加热条件下容易受热分解而使油品颜色变深，胶质增加，一般加热温度不宜太高，在常压蒸馏时，为保证产品质量，炉出口温度一般不超过 370℃，对于 350～500℃的馏分在常压条件下难以蒸出。但是在真空条件下，由于系统压力降低，油品的沸点也随之降低，因此可以在较低的温度下将常压状态沸点较高的油品蒸出，所以对原油进行常压分馏后的油品进行减压分馏，可以进一步将原油中的较重组分拔出，从而提高收率，达到深拔的目的。

（3）抽真空系统原理

装置采用的是高效喷射式蒸汽抽真空系统。工作蒸汽经过拉阀尔型（扩缩）喷嘴时流速不断增加，压力能转换为动能。蒸汽在喷嘴出口处可达到极高的速度（1000～1400m/s），因而压力急剧下降，在喷嘴周围形成高度真空。在真空部位，塔内不凝气被吸入混合器与蒸汽混合并进行能量交换，然后一起进入扩压管。工作蒸汽流速降低，不凝气流速增加，最后两者速度一致。在扩压管后部动能又转变为压力能，混合气体的流速降低，压力升高直至能满足排出压力的要求。

四、装置安全与环保

原油蒸馏装置是炼油行业的一次加工，是重要的生产装置之一。生产具有易燃、易爆、有毒有害、高温高压、高真空、腐蚀性强、污染大等许多潜在危害因素，而且生产过程具有连续性，这给安全生产带来很大压力。因此，安全与环保工作在石油化工生产中具有非常重要的作用，是石油化工生产的前提和关键。

1. 危险化学品

主要危险化学品见表 1-5。

表 1-5　主要危险化学品

序号	名称	物态	危险性
1	原油	液体	易燃、易爆、有毒
2	汽油	液体	易燃、易爆、有毒
3	煤油	液体	易燃、易爆、有毒
4	柴油	液体	易燃、易爆、有毒
5	渣油	液体	可燃、有毒
6	缓蚀剂	液体	不燃、有毒
7	破乳剂	液体	易燃、无毒
8	氨气	液体	易燃、易爆、有毒
9	瓦斯气	气体	易燃、易爆、有毒
10	硫化氢	气体	易燃、易爆、有毒
11	天然气	气体	易燃、易爆、有毒
12	石油气	气体	易燃、易爆、有毒

2. 危险性分析

（1）火灾危险性分析

工艺装置存有众多点火源（或潜在的点火源），如明火、高温表面、电气火花、静电火花、冲击和摩擦及自燃等，这样由于存在有释放源和点火源，当它们在同一地点同时出现时就会产生爆炸或火灾。工艺装置火灾危险性分类见表 1-6。

表 1-6　工艺装置火灾危险性分类

名称	火灾危险性类别	灭火方法	备注
工艺装置	甲	蒸汽、干粉	

（2）爆炸危险性分析

根据装置、罐区和其他设施爆炸性气体混合物出现的频繁程度和持续时间进行分区，大部分为爆炸危险区域 2 区。

（3）中毒危险分析

生产的原料、半成品、产品中的烃类物质具有低毒性，其蒸气经呼吸道进入人体可麻醉神经系统和引起肠功能的紊乱，操作人员长期接触高浓度油气，可产生头昏、头疼、睡眠障碍。

(4) 噪声危害分析

噪声主要来源为各生产装置及公用工程的泵类、鼓风机、引风机、空气预热器、加热炉及各种管线放空等设备，高噪声区主要为装置区和空压站。

(5) 烫伤危险分析

原油蒸馏装置工艺介质和部分设备温度较高，作业人员一旦接触可能会被烫伤。使用的蒸汽一旦泄漏喷出也会烫伤在场的作业人员。

(6) 窒息危险分析

人员进入塔、罐或炉内作业时，有可能因缺氧，发生人员缺氧窒息事故。

(7) 触电危险分析

装置在工程建设时期和装置投产大检修或抢修时，会使用临时电源，或由于电缆绝缘不良，或电气设备漏电，或电脱盐罐上部电气部位都有可能发生触电事故。

3. 环境保护

污染物主要排放部位和主要污染物见表 1-7。

表 1-7 污染物主要排放部位和主要污染物

污染物	部位	主要污染物
废水	初馏塔、常压塔顶油水分离罐脱水、水封罐脱水	含油污水
	电脱盐系统脱水	含盐、含油污水
	设备、管线吹扫	含油污水
废气	加热炉燃烧排放含 SO_2、NO_x 的废气	SO_2、NO_x
	初馏塔、常压塔顶瓦斯放空	石油气
	氨罐氨水挥发	氨气
	水封罐脱水时瓦斯、硫化氢挥发	硫化氢
废渣	装置设备保温废弃物	固体废物
	检修机泵废弃物及清容器(塔、罐)废弃物	

五、典型装置案例

本部分以某石化公司的原油蒸馏装置为例进行阐述。

(一) 原料与产品

该装置原油加工能力（即炼油能力）60 万吨/年，年开工数 8000h。原料是吉林松原油田原油，产品有直馏汽油、煤油、轻柴油、常压渣油。原料和产品见表 1-8。

表 1-8 原料和产品

名称		产率(质量分数)/%	万吨/年	火灾危险类别
原料	原油	100	60	甲类
产品	汽油	5	3	甲类
	煤油	4.5	2.7	乙类
	柴油	20.5	12.30	乙类
	渣油	69	41.40	丙类
	损失	1	0.6	

（二）工艺与装置组成

1. 工艺路线

参照目前国内外原油蒸馏工艺过程的现状与发展，根据所加工的原油特点，全厂总加工流程所确定的产品方案和下游装置对原料的要求，本装置采用电脱盐→闪蒸塔→常压塔二段汽化的工艺路线，具有以下特点。

（1）电脱盐

本装置设置二级电脱盐，可保证原油脱盐后含盐（NaCl）≤3mg/L，含水≤0.1%。

（2）闪蒸塔

本装置采用原油预闪蒸技术，原油经过换热网络后送入闪蒸塔，把原油中较轻的组分闪蒸出来，直接送到常压塔塔板，此流程简单、节能、操作灵活稳定。

（3）常压塔

本装置的常压塔采用板式塔，抽出2条侧线，采用高效导向浮阀塔板。常压塔承担着石脑油、柴油的分离任务，随着加工原料的变化和生产方案的调整，有较强的适应能力。

2. 流程说明

来自罐区的原油经原油泵送入脱前原油换热部分（一次换热），一次换热后原油进入电脱盐罐中脱盐脱水，脱后原油进入脱后原油换热部分（二次换热），二次换热后的脱盐原油进入闪蒸塔进行闪蒸。闪蒸塔顶气直接进入常压塔，闪蒸塔底油由闪蒸塔底泵抽出经换热进入常压塔加热炉，在常压炉中加热后进入常压塔。经反复加热、汽化、冷凝后，分离出瓦斯、汽油、煤油、轻柴油和常压渣油。某石化公司原油蒸馏工艺流程见图1-10。

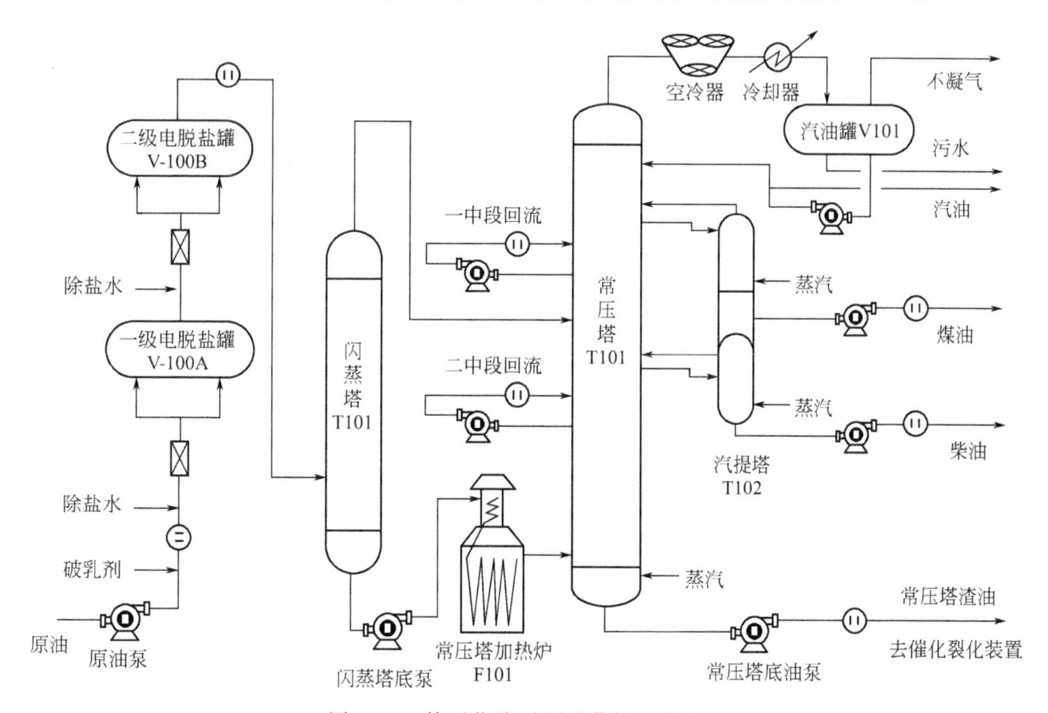

图1-10　某石化公司原油蒸馏工艺流程

3. 装置组成

本装置主要由电脱盐系统、换热网络系统、常压系统组成，同时还配有产品精制系统。

4. 主要设备

主要设备见表 1-9。

表 1-9 主要设备一览表

序号	名称	编号	介质
1	一级电脱盐罐	V-100A	原油、水、破乳剂
2	二级电脱盐罐	V-100B	原油、水、破乳剂
3	闪蒸塔	T001	原油、油气
4	常压塔加热炉	F101	原油、蒸汽
5	常压塔	T101	油气
6	汽提塔	T102	煤油、柴油
7	汽油罐	V101	油气、汽油、水

(三) 安全与环保

1. 危险化学品

装置中主要危险化学品见表 1-5。

2. 危害性分析

装置危险性与风险点见表 1-10。

表 1-10 装置危险性与风险点

序号	危险性	风险点
1	火灾爆炸	塔、罐、炉
2	中毒窒息	泵房、地沟、酸性水、加热炉
3	噪声伤害	压缩机房、泵房
4	机械伤害	各泵房、压缩机房、风机操作室内转动设备
5	触电事故	配电室、区域配电、各机泵房
6	灼烫伤	装置区高温管线、加热炉、蒸汽等
7	高处坠落	塔顶、平台顶、操作间灯具安装
8	淹溺	碱罐
9	车辆伤害	装置区内机动车、手推车

3. 环境保护

废水：主要包括含油污水、含硫污水、含盐污水及生产废水等。

废气：主要包括常压炉有组织排放的燃烧烟气和装置无组织排放的泄漏气。

项目二　原油蒸馏装置操作

依据原油性质和产品要求，现有的原油蒸馏装置多采用电脱盐-初馏（一段汽化）-常压（二段汽化）工艺或电脱盐-初馏（一段汽化）-常压（二段汽化）-减压（二段汽化）工艺，设置的岗位主要为常压岗位和减压岗位。常压岗位主要负责电脱盐部分、初馏部分、常压部分，减压岗位主要负责减压部分。

本节以某石化公司的原油蒸馏装置为例介绍装置操作，该装置采用电脱盐-闪蒸-常压工艺，主要由换热网络系统、电脱盐系统、常压系统等部分组成。

一、电脱盐系统

电脱盐系统包括原油从脱前换热器出来后，直至出电脱盐罐的全部流程，有原油流程、新鲜水（或净化水）注水流程、反冲洗线、脱水流程、注破乳剂系统及其附属设备、仪表的操作与维护。电脱盐系统的平稳操作是常压部分安全平稳生产的前提和保障。

（一）工艺原理

电脱盐是通过在原油中注水，使原油中的盐分溶于水中，再通过注破乳剂，破坏油水界面和油中固体盐颗粒表面的吸附膜，然后借助高压电场的作用，使水滴感应极化而带电，通过高压电场的作用，带不同电荷的水滴互相吸引，融合成较大的水滴，借助油水密度差使油水分层，油中的盐随水一起脱去。

将原油换热到一定温度再进入电脱盐系统，目的是随原油温度升高，油品黏度变小，油水密度差增大，水滴的沉降速度加快，有利于脱盐脱水。

注入除盐水是为了洗涤溶于原油中的无机盐，提高脱盐效果。

注入破乳剂是为了破坏原油中的乳化液，破坏油包水型乳化液，有利于小水滴的聚结。

（二）工艺流程

1. 流程说明

原油自原油罐区用泵送入常压装置内，注入破乳剂后依次与煤油（E104），一中段油换热器（E105），柴油换热器（E106）、常压渣油Ⅳ换热器（E001/AB）换热后分两程进入常压塔加热炉对流室上段与烟气换热，温度达 110～140℃，经原油流量计、原油总流量控制调节阀，在一级电脱盐罐入口静态混合器前与二级电脱盐脱水混合后进入一级电脱盐罐（V100A）。在电场的作用下，经沉降、脱盐脱水后去二级电脱盐罐（V100B），在二级电脱盐罐入口静态混合器前与除盐水混合后进入二级电脱盐罐，在电场的作用下，经沉降、脱盐脱水后，经原油流量计、闪蒸塔液控，然后依次与常压渣油Ⅲ换热器（E117/AB）、二中段换热器（E114）、常压渣油Ⅱ换热器（E002）换热至 230℃进闪蒸塔 T001。

2. 流程图

电脱盐系统工艺流程见图 2-1。

（三）岗位操作

1. 操作原则

严格执行电脱盐岗位的工艺操作指南，按生产要求，合理控制工艺条件，保证电脱盐温

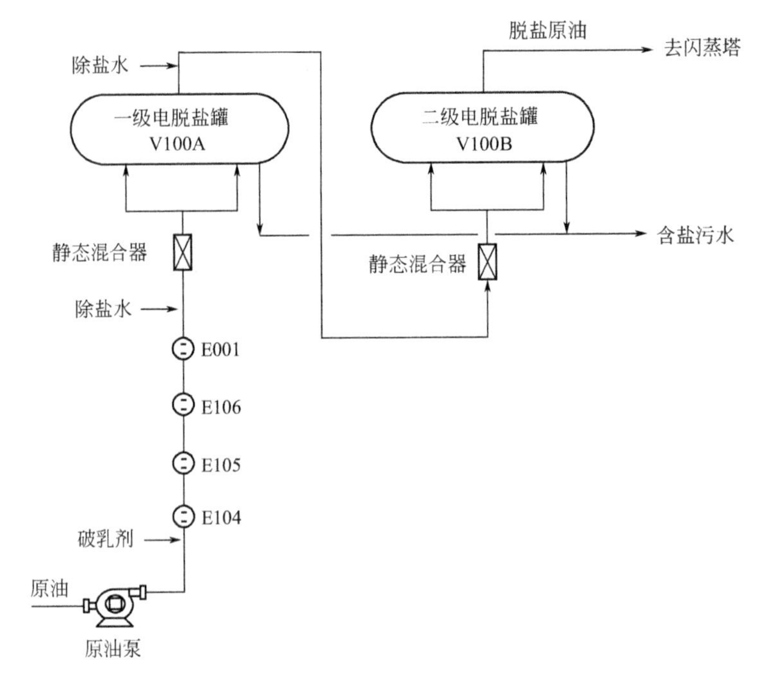

图 2-1 电脱盐系统工艺流程

度、压力、界面的正常生产和平稳运行。负责本岗位的开停工和事故处理，确保电脱盐两路进料平稳，稳定控制破乳剂注入量；做好本岗位工艺设备及相关工艺管线巡检和日常维护工作，严格做好交接班制度和数据的原始记录。系统出现波动要及时汇报和处理，确保装置“安（安全生产）、稳（稳定生产）、长（长周期运行）、满（满负荷运行）、优（优质产品）”运行。负责注水泵、注剂泵的开、停车工作，做好日常机泵的运行操作和维护，确保机泵的平稳运行，保证整个装置的安全平稳。

电脱盐岗位注意监控电脱盐罐的运行情况，根据原料含盐情况及脱盐罐乳化层情况调整注水、注剂量，确保脱后原油指标合格，电脱盐压力高或低时及时联系调度，由原油车间调整。了解原油带水对电脱盐系统的影响，能够迅速准确判断原油带水及相应的处理方法。熟悉紧急状况下电脱盐系统处理的方法，以确保常减压装置的生产安全。

电脱盐系统原料主要是原油罐区来的混合原油。

2. 工艺控制操作

电脱盐系统主要工艺操作指标见表 2-1，电脱盐系统工艺控制流程见图 2-2。

表 2-1 电脱盐系统主要工艺操作指标

序号	项目	单位	指标
1	电脱盐罐压力	MPa(表)	0.7±0.1
2	电脱盐罐温度	℃	130±10
3	电脱盐罐界面	%	40±5
4	电脱盐注水量	%	6±1
5	电脱盐注破乳剂量	10^{-6}	10～30

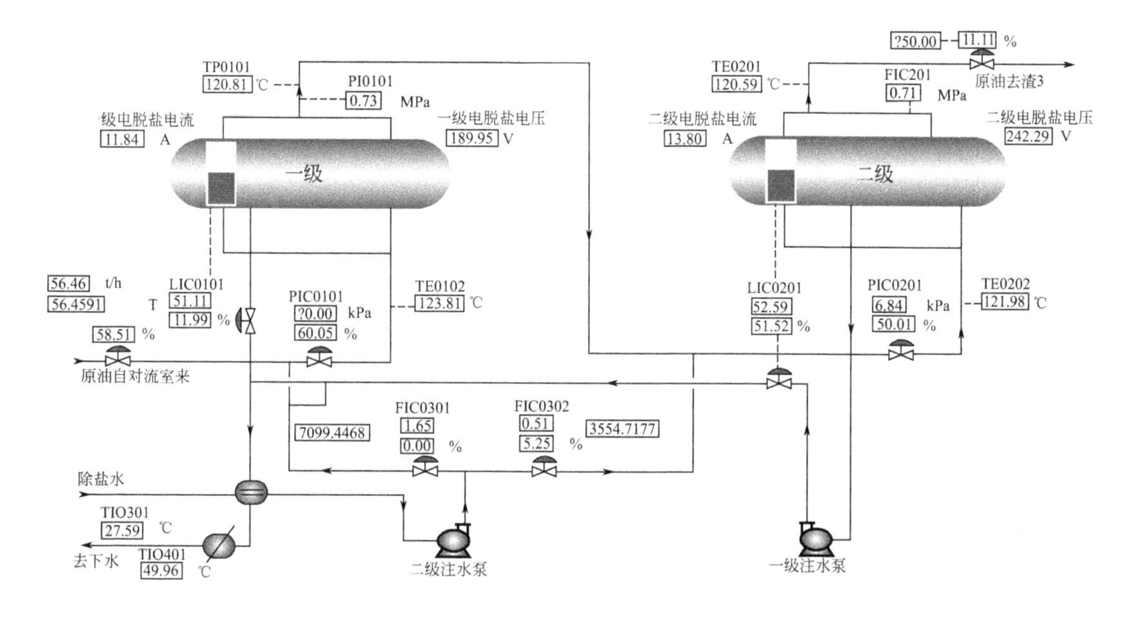

图 2-2　电脱盐系统工艺控制流程

(1) 电脱盐罐压力

电脱盐罐压力是电脱盐操作的重要控制参数，罐内压力必须维持高于操作温度下原油和水的饱和蒸气压以抑制原油的蒸发，如果产生蒸发，将导致操作不正常。罐内压力必须维持到 0.5～1.0MPa。控制电脱盐罐压力的关键是控制好原油进罐温度和原油进料量。

控制范围：0.5～1.0MPa。

相关参数：原油进装置压力、流量、含水；电脱盐前换热的压降、温度等。

正常调整：调整方法见表 2-2。

表 2-2　电脱盐罐压力调整方法

影响因素	调整方法
原油泵出口压力	调节原油泵出口阀门开度
脱盐后原油出口流量	调节脱盐后原油调节阀开度
原油提降量速度	控制原油提降量速度

(2) 电脱盐罐进料温度

电脱盐罐温度是电脱盐操作的重要控制参数。原油脱盐温度的高低对于电脱盐的高效操作很重要，应当避免原油温度突然的大幅度波动，并且对不同的原油，应当有不同的最佳温度。温度过低，将会影响脱盐率。因为油品黏度的增加，水从油中沉降需要更长的时间。而温度过高，则会出现原油汽化或电导率增大而引起操作不正常，从而影响脱盐效果，一般而言原油越重，相应要求原油脱盐温度也越高。电脱盐罐温度主要受脱盐前原油换热温度、原油进装置温度、原油性质影响，一般原油性质轻、脱盐前原油换热温度高易造成电脱盐罐温度高；原油性质重、脱盐前原油换热温度低易造成电脱盐罐温度低。

控制范围：110～140℃。

相关参数：原油流量；原油脱盐前换热温度；注水温度及流量。

正常调整：调整方法见表 2-3。

表 2-3 电脱盐罐进料温度调整方法

影响因素	调整方法
原油进装置温度、性质变化	调节原油伴热温度
原油加工量、操作条件变化	控制原油进罐温度变化速度，不超过 3℃/15min
与原油换热的热源温度、流量变化	调节与原油换热介质流量
注水温度及流量	调节注水控制阀

(3) 电脱盐罐界位

电脱盐罐内的界位控制是很重要的，一般情况下，必须保持最下一个界位管流出的是清白的水流。由于水溶液的导电性远远大于油的导电性，当界位过高时通常会导致电流短路，同时高的水位会减少原油在弱电场的停留时间。而界位过低则会导致切水带油，正常情况下应保持中界位操作。

控制范围：30%～60%。

相关参数：注水量；切水量。

正常调整：调整方法见表 2-4。

表 2-4 电脱盐罐界位调整方法

影响因素	调整方法
注水量变化	调节注水量及界位控制阀开度
切水量变化	调节界位控制阀开度
脱前原油含水量变化	调节注水量及界位控制阀开度

(4) 电脱盐注水量

电脱盐注水有利于水滴聚结和洗涤原油中的盐，但注水量不能太高，由于水是导电的，容易形成导电桥，造成事故，注水过小，达不到洗涤和增加水聚结力的作用。

控制范围：5%～7%（占原油质量分数)。

相关参数：注水量；切水量；界位。

正常调整：调整方法见表 2-5。

表 2-5 电脱盐注水量调整方法

影响因素	调整方法
注水量控制阀	调节注水量控制阀的开度
注水泵出口阀门	调节注水泵出口阀门
原油加工量变化	适当调节注水量

(5) 电脱盐注破乳剂量

破乳剂选择合适，注入量相当，可以提高脱盐效率，但注入量大，易造成破乳剂损耗高，注入量少，则脱盐效率低。

控制范围：$(10\sim30)\times10^{-6}$（占原油质量分数)。

相关参数：计量泵流量。

正常调整：调整方法见表 2-6。

3. 质量控制操作

电脱盐系统主要质量控制指标见表 2-7。

表 2-6　电脱盐注破乳剂量调整方法

影响因素	调整方法
破乳剂浓度及加入量	调节破乳剂配置浓度及加入量
脱盐前原油含盐量	调节破乳剂配置浓度及加入量
脱盐后原油含盐量	调节破乳剂配置浓度及加入量

表 2-7　电脱盐系统主要质量控制指标

序号	项目	单位	指标	备注
1	原油脱前含水	%	≤1.0	公司
2	原油脱后含水	%	≤0.1	公司
3	原油脱后含盐	mg/L	≤3	

（1）原油脱盐后含盐量

原油中所含的盐类在原油加工过程中影响很大，氯盐水解后会引起工艺设备腐蚀，使换热器、炉管及其他管线结垢，影响传热效果，增加系统阻力，严重时还会堵塞管线，影响正常开工周期。另外，原油含盐多时，蒸馏后大多数盐留在重质馏分和渣油中，加剧二次加工装置的催化剂污染与中毒，使二次加工装置设备腐蚀加重，也会使焦炭灰分增加等。控制电脱盐后含盐量的关键是做好电脱盐的优化操作，做好破乳剂的评选工作，保持适当的破乳剂注入量，注入水量、混合阀压降和脱盐温度。

控制范围：脱盐后含盐（NaCl）≤3.0mg/L。

相关参数：注水量；混合强度；电场强度；破乳剂性能。

正常调整：调整方法见表 2-8。

表 2-8　原油脱盐后含盐量调整方法

影响因素	调整方法
乳化层厚度	乳化层太厚，脱盐后含盐上升；增大破乳剂量，降低乳化层厚度
注入水量	开大注水控制阀，在适当范围内注水流量增大，脱盐后含盐降低；反之，则上升
原油进罐温度	原油进罐温度应适中，温度太低或太高均不利于脱盐
混合阀压降	混合阀压降应控制在适当的范围，太低、太高脱盐后含盐均会上升
破乳剂量或型号	破乳剂量低，脱盐后含盐上升，反之，则下降，稳定破乳剂注入量；选用合适破乳剂型号
电场强度	电场强度过低，脱盐后含盐上升，反之，则下降；调节电场强度
电脱盐罐压力	电脱盐罐压力波动，脱盐后含盐上升；平稳电脱盐罐压力
原油含水量	原油含水量过大，脱盐后含盐上升；联系调度及时处理

（2）原油脱盐后含水量

电脱盐后含水量是电脱盐操作的重要控制指标，含水量过高直接影响分馏塔的操作，严重时会导致常压塔冲塔，因此应严格控制电脱盐后含水量。控制电脱盐后含水量关键是搞好电脱盐的优化操作，控制好电脱盐罐界位，做好破乳剂的评选工作，保持适当的破乳剂注入量、水注入量、电场强度、混合阀压降和脱盐温度。

控制范围：≤0.20%（质量分数）。

相关参数：原油进罐温度 TI-03601、电场强度、破乳剂量或型号、水注入量、混合阀压降。

正常调整：调整方法见表2-9。

表2-9 原油脱盐后含水量调整方法

影响因素	调整方法
乳化层厚度	乳化层太厚，脱盐后含水量上升；调整操作，增加破乳剂注入量，减薄乳化层
水注入量	水注入量过大，脱盐后含水量上升，反之，则下降；稳定注入水量
原油进罐温度	原油进罐温度低，脱盐后含水量上升，反之，则下降；平稳原油进罐温度
混合阀压降	混合阀压降太高，脱盐后含水量上升，反之，则下降；调节混合阀压降平稳
破乳剂量或型号	破乳剂量低，脱盐后含水量上升，反之，则下降，稳定破乳剂注入量；选用合适破乳剂型号
电场强度	电场强度过低，脱盐后含水量上升，反之，则下降；正常控制电场强度
电脱盐罐压力	电脱盐罐压力波动，脱盐后含水量上升，及时调节平稳电脱盐罐压力
原油含水量	原油含水量大，脱盐后含水量上升；及时联系调度处理

(四) 异常工况

1. 电脱盐罐变压器跳闸

电脱盐罐变压器跳闸异常处理方法见表2-10。

表2-10 电脱盐罐变压器跳闸异常处理方法

原因	处理方法
①脱盐罐油水界面过高，造成原油带水 ②混合强度过大，原油乳化严重，造成原油带水 ③原油较重，油水难以分离，造成原油带水 ④原油注水量突然升高，水量过大，造成原油带水。 ⑤电脱盐罐电器设备有故障	①若是一、二级电脱盐脱水界面LI-0101、LI-020：超高，首先关闭电脱盐罐电源，然后打开电脱盐脱水界控调节阀LIC-0101、LIC-0201副线阀，脱水至正常界位后电脱盐罐送电，然后再查找造成电脱盐罐界面超高的原因 ②若原油含水大或注水量突然升高则应停止注水，开大电脱盐脱水界面调节阀LIC-0101、LIC-0201，电脱盐罐加强脱水，保证电脱盐界面LI-0101、LI-0201在(45±15)%范围内，并联系调度加强原油罐脱水 ③若电脱盐脱水界面调节阀LIC-0101、LIC-0201故障，则切除电脱盐脱水界控调节阀LIC-0101、LIC-0201，开副线脱水，联系仪表维修；如电脱盐界面LI-0101、LI-0201失灵，电脱盐停注水，关闭电脱盐脱水阀，联系仪表维修 ④若原油性质变重，则调节破乳剂泵流量，加大破乳剂注入量；或减小总原油流量调节阀FRC-1001闪蒸塔底液位调节阀LRC-1001开度，降低原油处理量，以增加油水沉降时间 ⑤若原油乳化严重送电困难，应联系调度向成品车间压乳化油，置换乳化油后重新注水建立界面 ⑥若最后判断是罐内电器问题，根据性质再作相应处理(如停电，水冲、蒸罐或进入检查等)

2. 电脱盐罐脱水带油

电脱盐罐脱水带油异常处理方法见表2-11。

表2-11 电脱盐罐脱水带油异常处理方法

原因	处理方法
①加工较重质原油时，往往会出现罐底乳化层，水位无法控制，甚至油水界面建立不起来，油水不分离或分离不好，造成脱水带油 ②原油加工量过高，沉降分层时间不够，使油水界面不清，造成脱水带油 ③脱水控制阀或界面仪失灵，使罐内实际界面过低，也会造成脱水带油	①提高破乳剂注入量，从而提高脱盐效率，如乳化严重，则置换乳化油后重新建立界面 ②应适当降低加工量，以增加油水沉降时间 ③应改用手阀控制脱水量，并联系仪表工维修

3. 电极绝缘棒击穿

电极绝缘棒击穿异常处理方法见表2-12。

表 2-12 电极绝缘棒击穿异常处理方法

原因	处理方法
①电极棒制造质量差或生产使用时间太长而老化，绝缘棒耐压能力下降时易击穿 ②由于电脱盐常跳闸，频繁合闸送电，造成绝缘棒反复受到冲击而击穿 ③电极绝缘棒上因某种原因附着水滴或能导电的杂质而被击穿	①切断电源 ②立即停止注水，停注破乳剂，电脱盐罐改走付线 ③联系调度或有关单位，按有关规定和指示作相应处理

二、常压系统

（一）工艺原理

1. 闪蒸

原油经换热温度达到230℃左右，进入闪蒸塔，由于系统压力降低，部分轻组分汽化，在塔内进行汽液分离，气相部分进入常压塔进行精馏，液相经泵打到常压炉进一步加热。

2. 常压蒸馏

闪蒸塔底油经换热、加热炉加热后，使其中350℃以前的轻组分汽化，进入常压塔进料段，在常压下进行汽液分离，其中气相经塔盘沿塔逐步上升，在塔顶回流及塔内回流的作用下，使上升的气相与内回流液体在塔盘上进行充分接触传质传热，轻组分未被冷凝的气相再进入上层塔盘，气相中的重组分冷凝成液体。从而使进入塔内的混合油气，经多次的汽化冷凝后，被分离成沸点不同的窄馏分，即得到相应的汽油、煤油、轻柴油、常压渣油等不同的产品。

在生产中，通过控制一定的塔进料温度、塔顶温度和各侧线馏出温度，来达到取得不同沸点范围的产品的目的。

3. 注缓蚀剂

为了减缓常压塔顶低温部位的腐蚀，在常压塔顶油气挥发线出口注入中和缓蚀剂。中和缓蚀剂是一种弱碱性有机化合物，通过中和油品中的酸性物质来抑制腐蚀反应的发生，同时具有很强的界面活性，在金属表面能形成一层缓蚀膜，可以有效地阻止腐蚀介质对金属的腐蚀。

（二）工艺流程

1. 流程说明

（1）闪蒸部分

闪蒸塔顶气相进入常压塔21层气相部分，闪蒸塔底液相由闪蒸塔底泵抽出经常压渣油Ⅰ换热器E003/AB换热至269℃后分两程依次进入常压炉对流室下段和辐射室，加热至360～370℃，出辐射室后合为一路经转油线进入常压塔T101进料段。

（2）常压部分

常压塔顶油气分两路，一路进入空冷器E101，另一路进入除盐水换热器E102，之后合为一路进入汽油冷却器E103/AB，冷却到40℃左右进入汽油罐，进行油、气、水分离，经脱水及油气分离后，不凝气体由罐顶放空，汽油用汽油泵 P106A/B 抽出，一部分打入常压塔顶作塔顶冷回流；另一部分经汽油出装置调节阀进入汽油碱洗罐 V105/V106，脱硫醇罐 V109 精制后送入成品汽油罐作车用汽油组分油。异常情况下，常压塔顶安全阀泄压经过三车间 V601 罐进行气液分离后气相经三车间低压瓦斯线去火炬。液相导入罐车运去成品罐区。

常一线煤油从常压塔 T101 第 27 层液相馏出，进入煤油汽提塔 T102 汽提后，气相返回常压塔第 27 层气相部分，液相用煤油泵抽出经煤油换热器 E104、煤油冷却器 E107 后经煤油出装置调节阀、煤油流量计送入成品煤油罐作车用柴油组分油。

常二线轻柴油从常压塔 T101 第 16 层液相馏出，进入柴油汽提塔 T102 汽提后，气相返回常压塔第 16 层气相部分，液相用柴油泵 P105A/B 抽出经柴油换热器 E106，柴油冷却器 E108 和二中段冷却器 E107（技改后并联）后经柴油出装置调节阀、柴油流量计送入成品柴油罐作为车用柴油组分油。

常一中段回流从常压塔 T101 第 23 层塔盘用常一中段泵 P104A/B 抽出，经一中段换热器（原油），一中段冷却器（热煤水，循环水），一中段温度控制合流三通阀、一中段流量控制调节阀后返回常压塔第 26 层塔盘。

常二中段回流从常压塔第 12 层塔盘用常二中段泵抽出，经二中段换热器 E114，二中段冷却器 E107，二中段温度控制合流三通阀、二中段流量控制调节阀后返回常压塔第 15 层塔盘。

常压塔底渣油用常压塔底泵 P102A/B 抽出后依次经常压渣油Ⅰ换热器 E003A/B，常压渣油Ⅱ换热器 E002A/B，常压渣油Ⅲ换热器 E117A/B，常压渣油Ⅳ换热器 E001A/B 换热后分两路，一路经二催化渣油液位控制调节阀去二催化装置；另一路经渣油外甩调节阀、渣油外甩冷却器冷至 90℃后直接送至渣油罐区。

2. 流程图

常压系统工艺流程见图 2-3。

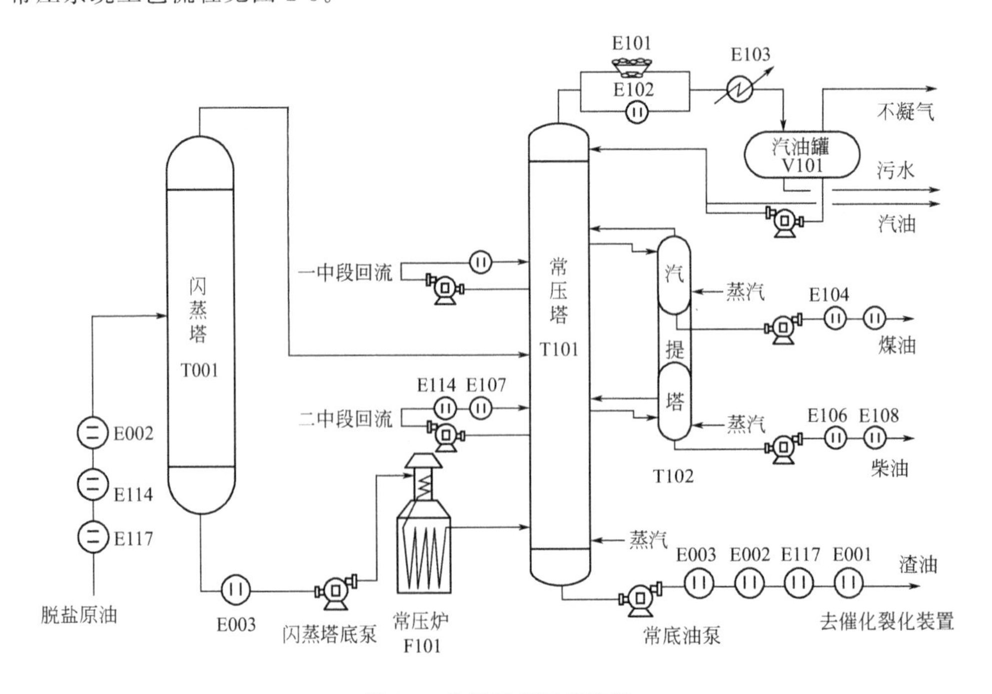

图 2-3 常压系统工艺流程

（三）岗位操作

1. 操作原则

严格执行常压塔岗位的工艺操作指南，常压岗位是装置生产的核心部分，负责装置原油加工量、轻油收率、产品馏出口合格率等主要生产指标的控制。常压岗位的操作控制对整个装置的生产任务完成情况起主导作用。按照生产作业计划，完成当班作业，保证原油加工量、轻油收率、产品质量及原材料、能源消耗等主要经济技术指标按计划完成。严格按照《操作规程》和《工艺卡片》进行工艺生产控制，平稳操作，注意各岗位间的配合。调整操作时，不能引起其他岗位出现非正常波动。原油加工量控制在计划范围内，流量稳定，各分支流量均衡。平稳控制初馏塔底、常压塔底液面，稳定原油系统、初馏塔底油系统压力，保证全装置平稳运行。稳定常压塔底及汽提塔吹汽量，保证塔内汽化率均衡。合理控制塔顶及各中段回流量和温度，平稳取出塔内多余热量，优化精馏塔操作。稳定初馏塔顶、常压塔顶压力，保证塔内精馏过程平稳进行。平稳控制塔顶温度及各侧线温度，保证产品质量合格。原油性质发生变化时，要及时调整操作，在保证产品质量合格的前提下，努力提高轻油收率。控制各产品冷却后温度在指标范围内。平稳控制初馏塔、常压塔顶罐界面，保证汽油的脱水效果，避免因回流带水造成操作波动；或脱水带油损失产品，污染环境。平稳控制初馏塔、常压塔顶罐液面，稳定汽油出装置量。

2. 工艺控制操作

常压系统主要工艺控制指标见表 2-13，常压系统工艺控制见图 2-4。

表 2-13　常压系统主要工艺控制指标

序号	项目	单位	指标	备注
闪蒸	闪蒸塔底液位	%	50±10	
常压蒸馏	常压塔顶压力	MPa(G)	0.02±0.02	关键质量控制点
	常压塔顶温度	℃	100±3	关键质量控制点
	常一线(煤油)抽出温度	℃	158±5	
	常二线(轻柴油)抽出温度	℃	275±5	
	一中段抽出温度	℃	205±5	
	常压塔底液位	%	50±10	
	煤油汽提塔液位	%	50±10	
	柴油汽提塔液位	%	50±10	
	汽油罐液位	%	50±10	
	汽油罐界位	%	50±10	
	渣油储罐液位	%	50±10	
	常压塔顶注缓蚀剂量	$\times10^{-6}$	20～50	
	常压塔加热炉出口温度	℃	360±3	
	常压塔加热炉炉膛温度	℃	≤800	
	过热蒸汽温度	℃	280～450	

（1）闪蒸塔底液位

控制好闪蒸塔底液位是搞好闪蒸塔操作的关键，如果闪蒸塔底液位过低会导致闪蒸塔底

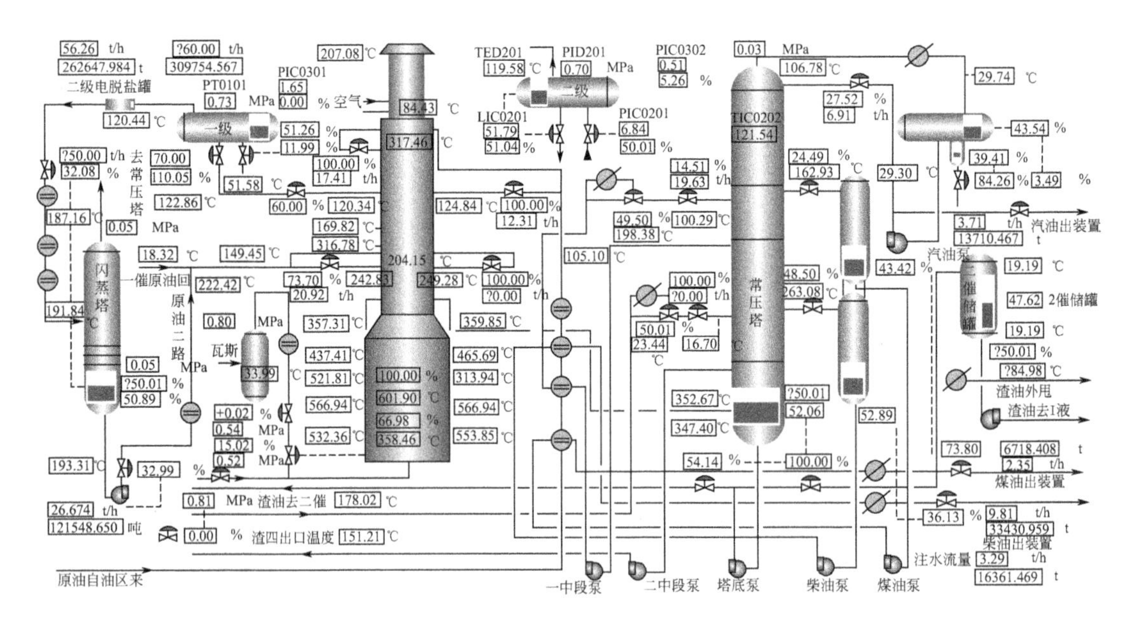

图 2-4　常压系统工艺控制

泵抽空，严重影响常压塔操作，威胁常压塔加热炉的安全运行；液位过高则将导致闪蒸不正常。因此控制好闪蒸塔底液位是至关重要的。控制闪蒸塔底液位主要靠均衡闪蒸塔进料和常压塔加热炉进料量。

控制范围：40%～60%。

相关参数：原油进装置量；常压塔加热炉进料量变化。

正常调整：调整方法见表 2-14。

表 2-14　闪蒸塔底液位调整方法

影响因素	调整方法
原油流量变化	调整闪蒸塔底液位控制阀开度
闪蒸塔底抽出量变化	调整闪蒸塔底流量控制阀开度
原油组分变化	适当调整原油加工量
原油含水变化	调整电脱盐脱水调节阀开度或者联系成品加强原油脱水
机泵故障	切换备用泵，联系设备维修修泵
液面仪表控制失灵	联系仪表维修调节阀

（2）常压塔顶压力

常压塔顶压力是整个常压塔操作的关键参数，常压塔顶压力的大小和平稳情况直接影响整个常压塔的分馏效果，在原油性质及加工量不变的条件下，压力升高，侧线产品分离精确度降低，压力降低，侧线产品的分离精确度增加。一般在相同的温度下，常压塔顶压力越低，常压塔各馏出组分越重。在常压塔的操作过程中必须保证常压塔顶压力的相对平稳。常压塔顶压力主要受常压塔顶油气冷却后温度、常压塔顶循环回流、常压塔顶回流影响，常压塔顶油气冷却后温度高、常压塔顶循环回流量小及回温度高、常压塔进料量大、常压塔底吹汽大及常压炉出口温度高易造成常压塔顶压力高；反之，则易造成常压塔顶压力低。

控制范围：0～0.04MPa。

相关参数：处理量；常压炉出口温度；常压塔底吹汽量；塔顶冷回流；一中、二中回流的温度及流量；常压塔顶空冷器出口温度；常压塔顶冷却器出口温度。

正常调整：调整方法见表2-15。

表2-15　常压塔顶压力调整方法

影响因素	调整方法
塔顶回流油温度变化	调整汽油冷却器给水量或开空冷风机
塔顶回流量变化	调整回流流量控制阀开度和回流温度
原油性质、加工量变	调整与原油换热介质流量至正常
塔底吹汽量变化	调整塔底汽提蒸汽量
塔顶冷回流带水	调整汽油脱水调节阀开度
加热炉出口温度变化	调整加热炉出口温度控制阀开度

（3）常压塔顶温度

常压塔顶温度是常压塔的重要操作参数，压力一定时常压塔顶温度的高低直接决定常压塔顶石脑油的轻重。常压塔顶温度的波动会引起常压塔各侧线温度的波动，从而会影响到整个常压塔的分馏效果，因此操作时必须平稳控制塔顶温度。常压塔顶温度主要通过常压塔顶回流量及回流温度、常压塔顶循环回流量及回流温调节。一般常压塔顶回流量大及回流温度低、常压塔顶循环回流量大及回流温度低，会导致常压塔顶温度低；反之，常压塔顶温度高。

控制范围：97～103℃。

相关参数：常压塔顶冷回流流量及温度；加热炉出口温度；常压塔底吹汽量。

正常调整：调整方法见表2-16。

表2-16　常压塔顶温度调整方法

影响因素	调整方法
塔顶回流量、回流油温度变化	调整塔顶回流流量控制阀开度或调节汽油冷却器或空冷冷却负荷
常压塔加热炉出口温度变化	调节加热炉出口温度控制阀开度
常压塔底汽提蒸汽量、汽提蒸汽温度、汽提蒸汽压力变化	调整塔底吹汽量
中段回流量、回流油温度变化	调整中段回流流量控制阀开度
回流油带水的影响	调整汽油脱水调节阀开度

（4）常压塔底液位

常压塔底液位是常压塔操作的关键控制参数，应根据常压塔的物料平衡情况严格控制。如果液位过高会影响侧线产品质量，严重时可导致出黑油甚至冲塔；液位过低会导致常压塔底泵抽空，会威胁到装置的安全运行。常压塔底液位主要受常压塔加热炉出口温度、塔底吹汽量、塔顶压力、常压塔加热炉进料量、常压塔出料影响，常压塔底液位控制的关键是根据原油性质的变化，做好常压塔的物料平衡。

控制范围：40％～60％。

相关参数：常压炉进料量；常压塔出料量；常压炉出口温度。

正常调整：调整方法见表2-17。

表 2-17 常压塔底液位调整方法

影响因素	调整方法	影响因素	调整方法
进料量变化	调整闪蒸塔底流量控制阀门开度	塔底吹汽量及温度变化	调整吹汽温度和流量
塔底抽出量变化	调整常压塔底液位控制阀门开度	柴油馏出量变化	调整侧线抽出量
常压炉出口温度变化	调整炉出口温度控制阀门开度	机泵故障	启动备用泵,联系设备维修维修
油品性质变化	调整常压塔底液位控制阀门抽出量	液面仪表控制失灵	联系仪表处理

(5) 汽油罐液位

汽油罐液位的控制对常压塔的平稳操作至关重要，当液位过高时会堵塞常压塔顶瓦斯气的回路，导致常压塔顶压力急剧上升，同时常压塔顶瓦斯也会大量带入汽油，会严重威胁常压塔加热炉的安全运行；液位过低会导致常压塔顶回流及产品泵抽空，正常操作时应严格控制常压塔顶回流及产品泵的外送量，严防液位大幅波动。

控制范围：40%～60%。

相关参数：外送量；油水界位；常压塔顶温度。

控制调整：调整方法见表 2-18。

表 2-18 汽油罐液位调整方法

影响因素	调整方法
汽油外送量变化	调整汽油出装置调节阀开度
塔顶温度变化	调整汽油出装置液位控制阀开度
原油性质和加工量的变化	调整汽油出装置液位控制阀和常压塔顶流控调节阀开度
塔顶冷回流量变化	调整汽油出装置液位控制阀开度
机泵故障	切换备用泵,联系设备维修维修
控制仪表失灵	联系仪表维修

(6) 汽油罐界位

汽油罐界位主要受切水量影响，界位过低会导致切水带油，影响酸性水汽提装置的生产，一般切水量小易造成常压塔顶回流及产品罐界位高；反之，常压塔顶回流及产品罐界位低。

控制范围：40%～60%。

相关参数：常压塔顶回流及汽油罐切水量；汽提蒸汽量；脱水后原油含水；塔顶注水量。

控制调整：调整方法见表 2-19。

表 2-19 汽油罐界位调整方法

影响因素	调整方法	影响因素	调整方法
常压塔顶回流及产品罐切水量	调整切水阀开度	脱水后原油含水	优化电脱盐操作
汽提蒸汽量	调整汽提蒸汽调节阀开度	塔顶注水量	调整注水阀开度

(7) 汽提塔液位

控制范围：40%～60%(煤油汽提塔、柴油汽提塔)。

相关参数：馏出温度；出装置流量；汽提吹气量。

正常调整：调整方法见表2-20。

表2-20　汽提塔液位调整方法

影响因素	调整方法
出装置流量变化	调整侧线出装置液位控制阀开度
常压顶温度的变化	调整塔顶回流流量控制阀开度
汽提吹汽量变化	调整汽提蒸汽吹气量
机泵故障	机泵切换备用泵，联系设备维修维修
调节阀故障	联系仪表维修

（8）常一线抽出温度

常一线是控制常一线产品质量的关键控制参数，常一线抽出温度的波动会影响到常压塔顶和常二线的操作。常一线抽出温度高，常一线产品质量变重，反之则低。控制常一线抽出温度的关键是根据原油的性质和常一线产品质量的要求，平稳控制常一线的抽出量，然后用常压塔顶回流或常一中回流控制常一线抽出温度。

控制范围：153～163℃。

相关参数：常一线抽出量；塔顶温度；中段回流量。

正常调整：调整方法见表2-21。

表2-21　常一线抽出温度调整方法

影响因素	调整方法
常一线抽出量	调整常一线抽出量控制阀开度
塔顶温度	调整常压塔顶回流流量调节阀开度
常一中回流量	调整常一中回流流量调节阀开度

（9）常二线抽出温度

常二线抽出温度是控制常二线产品质量的关键控制参数，常二线抽出温度的波动会影响到常一线和常压塔底的操作。常二线抽出温度高，常二线产品质量变重，反之则低。控制常二线抽出温度的关键是根据原油的性质搞好常二线产品物料平衡，平稳控制常二线的抽出量，然后用常一中回流或常二中回流控制常二线抽出温度。

控制范围：270～280℃。

相关参数：常二线抽出量；常二中回流量及温度。

正常调整：调整方法见表2-22。

表2-22　常二线抽出温度调整方法

影响因素	调整方法
常二线抽出量	调整常二线抽出控制阀开度
常二中回流量及温度	调整常二中回流流量控制阀开度

（10）常压塔加热炉出口温度

常压塔加热炉出口温度是常压塔加热炉和常压塔的关键控制参数，在常压塔拔出率一定时，常压塔加热炉出口温度越高，过汽化率越大，进料段上部分馏效果越好，但相应的能耗也越高，此外常压塔加热炉出口温度过高也不利于常压塔加热炉的安全生产；常压塔加热炉出口温度过低，则难以保证侧线的分馏效果。常压塔加热炉出口温度主要受常压塔加热炉进料量、换热终温、常压塔加热炉燃料流量、常压塔加热炉进料性质影响。操作中要综合分析各项因素，及时调节常压塔加热炉出口温度。

控制范围：357～363℃。

相关参数：常压塔加热炉进料温度；炉膛温度；燃料压力。

正常调整：调整方法见表 2-23。

表 2-23　常压塔加热炉出口温度调整方法

影响因素	调整方法
瓦斯或燃料油压力和流量	调整瓦斯或燃料油压力控制阀
常压塔加热炉进料量	调整闪蒸塔塔底流量控制阀门开度
炉膛温度	调整燃料气分压、风门开度、烟道挡板开度

3. 质量控制操作

常压系统主要质量控制指标见表 2-24。

表 2-24　常压系统主要质量控制指标

序号	项目	单位	指标	备注
1	常压塔顶汽油终馏点	℃	≤205	公司
2	常一线(煤油)闪点	℃	≥45	公司
3	常二线(柴油)凝点		根据季节实行不同方案	公司
4	常二线(柴油)闪点	℃	≥65	公司

(1) 常压塔顶汽油终馏点

终馏点是油品在恩氏蒸馏设备中进行加热蒸馏时蒸馏到最后达到的最高汽相温度。终馏点主要与油品馏程的尾部组成相关。常压塔顶汽油终馏点是常压塔顶产品的主要质量控制指标，它直接关系到重整原料的好坏。控制汽油终馏点的关键是控制好常压塔顶温度和压力，一般塔顶温度高、压力低，易造成石脑油终馏点高；反之，终馏点降低。而塔顶温度和压力主要通过调节塔顶回流、塔顶循环回流的温度、流量以及调节塔顶空冷器的开启实现。

控制范围：汽油终馏点为≤205℃；常压塔顶温度为 (100±3)℃；汽油冷却后温度为 30～40℃。

相关参数：塔顶温度；塔顶回流流量；汽油冷却后温度；加热炉炉出口温度；汽油脱水界面，以上参数变化将会引起塔顶温度变化，进而影响汽油终馏点。

正常调整：调整方法见表 2-25。

表 2-25　常压塔顶汽油终馏点调整方法

影响因素	调整方法
塔顶温度	降低塔顶温度,终馏点降低;反之,终馏点升高
塔顶压力	塔顶压力降低,终馏点升高;反之,终馏点降低
常压塔吹汽量	开大吹汽控制阀,吹汽量大,终馏点升高,反之降低
进料温度	开大常压塔加热炉瓦斯控制阀,瓦斯流量增大,进料温度升高,终馏点上升,反之降低
原油性质变化	根据原油性质变化,调整常压塔操作

（2）常一线闪点

闪点是在规定的条件下，将油品加热，所产生的油汽与空气的混合物遇明火发生闪爆现象的最低温度，常一线闪点主要反映了流程的轻组分分布情况，是主要质量控制指标。主要与油品的轻组分相关，正常操作时主要通过调节常一中回流、常一线抽出量和汽提塔的吹气量来控制常一线闪点，一般吹气量大，抽出温度高、塔顶压力低，易造成常一线闪点高；反之，常一线闪点低。

控制范围：≥45℃。

相关参数：塔顶温度；塔顶压力 PI-01201；侧线吹汽量；侧线量；常一线抽出温度。

正常调整：调整方法见表 2-26。

表 2-26　常一线闪点调整方法

影响因素	调整方法
常压塔顶温度	塔顶温度下降，常一线闪点降低，反之塔顶温度升高，常一线闪点升高
常压塔顶压力	塔顶压力高，常一线闪点低；反之，常一线闪点高
常一线吹汽量	开大常一线汽提蒸汽控制阀，常一线吹汽量增大，常一线闪点高，反之常一线闪点低
常一线抽出量	开大常一线流量控制阀，常一线抽出量增大，常一线闪点高，反之，则常一线闪点低
常一线馏出温度	常一线馏出温度低，常一线闪点低；反之，则常一线闪点高

（3）常二线闪点

常二线闪点是常二线柴油的主要质量控制指标，反映了油品馏程的轻组分分布情况，主要与油品的轻组分相关。控制常二线闪点的关键是控制好常二线汽提塔的吹汽，其次是调节常二中回流、常二线抽出量。一般吹汽量大，抽出温度高、常二线吹汽量大、塔顶压力低，易造成常二线干闪点高；反之，常二线闪点低。

控制范围：≥65℃。

相关参数：塔顶温度；塔顶压力；侧线吹汽量；侧线抽出量；常二线馏出温度。

正常调整：调整方法见表 2-27。

表 2-27　常二线闪点调整方法

影响因素	调整方法
塔顶压力	塔顶压力高，常二线闪点低；反之，常二线闪点高
常压塔顶温度	塔顶温度高，常二线闪点高；反之，常二线闪点低
常二线汽提蒸汽量	关小吹汽控制阀，常二线吹汽量小，常二线闪点低；反之，则常二线闪点高
常一线抽出量	关小常一线流量控制阀，常一线抽出量小，常二线闪点低；反之，则常二线闪点高
常二线馏出量	开大常二线流量控制阀，常二线馏出量大，常二线闪点低；反之，则常二线闪点高
常二线馏出温度	常二线馏出温度低，常二线闪点低；反之，则常二线闪点高

（四）异常工况

1. 原油含水量大

原油含水量大处理方法见表 2-28。

2. 常压塔冲塔

常压塔冲塔处理方法见表 2-29。

表 2-28 原油含水量大处理方法

现象	原因	处理方法
①原油换热后温度降低，脱盐罐油水界面上升，脱水量增加，电流升高，严重时变压器跳闸 ②加热炉出口温度降低 ③汽油罐油水界面上升并脱水量增加 ④常压塔顶压力上升，严重时塔底泵抽空，冲塔，安全阀启跳	①原油罐区脱水不彻底 ②原油乳化严重 ③原油含水量大	①立即联系调度，开大电脱盐脱水界位调节阀，加强脱水，控制脱水界面，联系成品工序加强原油脱水或切换原油罐 ②电脱盐系统停注水泵，停止注水 ③如空冷器停用，则开空冷风机，并增加汽油冷却器循环水量，降低常压塔顶回流油温度，注意控制好塔顶温度 ④开大汽油脱水界位调节阀，控制汽油罐脱水界位，防止塔顶回流油带水 ⑤关常压塔底和汽提塔底吹汽阀门，联系成品工序降低原油泵压力，关小常压塔原油总流量控制阀和闪蒸塔底液控制阀，降低处理量，降低塔顶负荷，缓解塔顶压力升高 ⑥随时从汽油泵、煤油泵、柴油泵出口处采样观察油品颜色有无变化，如颜色变深，立即停止出装置，联系调度改由废油线出装置

表 2-29 常压塔冲塔处理方法

现象	原因	处理方法
①常压塔顶压力升高，常压塔中、上部各点温度急剧上升 ②油品颜色变深，密度增大	①塔顶回流带水 ②回流中断 ③塔底液面过高 ④塔底吹汽量过大 ⑤原油带水	①联系成品工序降低原油泵压力，关小常压塔原油总流量控制阀和闪蒸塔底液位控制阀，降低原油处理量，降低炉出口温度，降低常压塔负荷 ②开大塔顶回流调节阀和中段回流流量控制阀开度，关小一中段温控调节阀开度，降低回流油温度，降塔顶温度至指标范围内 ③塔底液面过高时，降低原油量，加大塔底抽出量，尽快降塔底液面至指标范围内 ④视情况适当关小塔底吹汽或停止吹汽 ⑤立即联系调度，加强原油脱水或切换原油罐。电脱盐系统停止注水，加强脱水，控制好油水界面 ⑥联系调度，不合格油品由废油线出装置

3. 塔顶回流油带水

塔顶回流油带水处理方法见表 2-30。

表 2-30 塔顶回流油带水处理方法

现象	原因	处理方法
①塔顶温度急剧下降 ②塔顶压力急剧上升 ③汽油取样口用透明容器接样观察有明显油水分层现象	①汽油罐液面仪表失灵 ②汽油罐界面仪表失灵或调节阀失灵 ③汽油冷却器内漏	①观察汽油罐液面，如汽油罐液面偏低，则关小汽油液控调节阀开度，减小汽油外送量，控制汽油罐液面在范围内 ②如果汽油罐界面偏高，则开大汽油界位调节阀开度，加强汽油罐脱水，控制汽油罐界面在范围内 ③如汽油换热器或汽油冷却器内漏，则迅速开大汽油脱水界面调节阀开度，然后分别切除汽油换热器和汽油冷却器，查出内漏的冷却器并切除，并加强脱水，控制界面在指标范围内

4. 塔顶回流中断

塔顶回流中断处理方法见表 2-31。

表 2-31 塔顶回流中断处理方法

现象	原因	处理方法
①塔顶温度上升 ②塔顶压力上升 ③汽油罐液面上升 ④塔顶回流量回零 ⑤汽油泵出口压力波动或回零	①汽油罐液位仪表失灵，实际液位过低，导致汽油泵抽空 ②汽油泵故障 ③塔顶回流调节阀故障	①如汽油罐液位过低，则关小汽油液位控制阀开度，减小或停止汽油外送，减小塔顶回流流控，加大中段回流流量控制阀开度，控制常压塔底温度 ②如汽油泵故障，则切换备用泵，联系保运维修 ③如顶回流流量控制阀阀故障，迅速打开顶回流副线阀，切除调节阀后，联系维修

5. 中段回流中断

中段回流中断处理方法见表2-32。

表2-32　中段回流中断处理方法

现象	原因	处理方法
①塔中上部各点温度上升 ②中段回流量回零 ③中段泵出口压力波动或回零	①中段回流泵抽空 ②中段回流流量控制阀或温度控制三通阀故障 ③中段抽出量过大	①加大塔顶回流流量控制阀开度,控制塔顶温度在(100±3)℃范围内 ②如中段回流泵故障,则立即切换备用泵,联系维修 ③如中段回流流量控制阀或温度控制三通阀故障,中段回流流量控制阀或温控三通阀改走副线,联系仪表维修 ④如中段回流泵抽空,则打开补中段跨线阀,稳定中段抽出温度在范围内

6. 常压塔底泵抽空

常压塔底泵抽空处理方法见表2-33。

表2-33　常压塔底泵抽空处理方法

现象	原因	处理方法
①渣油储罐液面下降 ②常压塔底液面急剧上升 ③塔底泵出口压力波动或回零	①常压塔底液面过低 ②仪表指示失灵,实际无液面 ③机泵预热温度不够或预热循环量过大 ④泵入口扫线蒸汽阀内漏或没关严,蒸汽进入泵内造成抽空 ⑤常压塔底泵故障	①开大原油总流量控制阀、闪蒸塔底液位控制阀和闪蒸塔底流量控制阀开度,提高原油量并减小常压塔液位控制阀抽出量,尽快恢复塔底液面在(50±10)%范围内 ②如常压塔底液面指示失灵则用现场浮球观察塔底液面,外操员联系内操员调节常压塔底液位控制阀,控制常压塔底液面在(50±10)%范围内,联系仪表工校验仪表 ③加强备用泵预热或降低预热循环量,避免热油泵预热时抽空 ④应详细检查,判断原因后,关严常压塔底泵扫线蒸汽阀 ⑤如常压塔底泵故障,则切换备用泵,将故障泵切除扫净后,联系维修

7. 闪蒸塔底泵抽空

闪蒸塔底泵抽空处理方法见表2-34。

表2-34　闪蒸塔底泵抽空处理方法

现象	原因	处理方法
①常压塔底液面急剧下降 ②闪蒸塔底液面急剧上升 ③闪蒸塔底泵出口压力波动或回零 ④炉出口温度上升	①闪蒸塔底液面过低 ②仪表指示失灵,实际无液面 ③机泵预热温度不够或预热循环量过大 ④泵入口吹扫管线蒸汽阀内漏或没关严,蒸汽进入泵内造成抽空 ⑤机泵故障	①开大原油总流控阀、闪蒸塔底液控阀[注意电脱盐罐压力在(0.7±0.1)MPa之间]提高原油量,减小闪蒸塔底流量控制阀开度和减小常压塔液位控制阀抽出量,尽快恢复闪蒸塔底液面在(50±10)%范围内,并控制好常压塔底液面 ②闪蒸塔底液面失灵,则外操员观察闪蒸塔底浮球位置联系内操员调节原油总流量控制阀、闪蒸塔底液位控制阀、闪蒸塔底流量控制阀开度和常压塔液位控制阀抽出量,尽快恢复闪蒸塔底液面在(50±10)%范围内。联系仪表工校验仪表 ③加强备用泵预热或降低预热循环量,避免热油泵预热时抽空 ④应详细检查,判断后关严扫线蒸汽阀 ⑤闪蒸塔底泵故障,则切换备用泵,将故障泵切除扫净后,联系保运维修

8. 常压塔侧线油颜色变深

常压塔侧线油颜色变深处理方法见表2-35。

表 2-35 常压塔侧线油颜色变深处理方法

现象	原因	处理方法
侧线采样口采出的油样颜色变深	①常压塔底液面过高，先出现柴油颜色变深 ②原油加工量过大或原油组分变轻，塔内气相负荷过大，气速增加产生严重雾沫夹带或冲塔，使各侧线油颜色均变深 ③常压塔底吹汽量过大或开吹汽时速度过快造成重油携带 ④侧线抽出量过大使油品馏分过重或下部塔盘干板 ⑤换热器内漏，原油漏入回流油中打回塔内污染了侧线 ⑥闪蒸塔满塔，原油自闪蒸塔顶溢入常压塔21层	①发现侧线油颜色变深时，立即关闭侧线馏出温度控制阀，联系调度，汽油、煤油、柴油改废油线出装置 ②如常压塔底液面过高，则立即减小原油总流量控制阀、闪蒸塔底液位控制阀开度，降低原油量，减小闪蒸塔底流量控制阀开度和加大常压塔液位控制阀抽出量，尽快恢复常压塔底液面在(50±10)%范围内 ③关闭塔底吹汽量，并加大塔顶回流量和中段回流量，控制好塔顶温度。待油品颜色正常后再缓慢恢复吹汽量 ④关小侧线馏出温控阀，降低侧线抽出量，保持一定的内回流。 ⑤一中段换热器内漏，立即切除中段换热器，同时开大塔顶回流流量控制开度，控制塔顶温度在指标范围内 ⑥如闪蒸塔T001满塔，立即减小原油总流量控制阀、闪蒸塔底液位控制阀开度，降低原油量，加大闪蒸塔底流量控制阀开度和加大常压塔液位控制阀抽出量，尽快恢复闪蒸塔底液面和常压塔底液面在范围内。立即关闭侧线馏出温控阀，联系调度，汽油、煤油、柴油改废油线出装置

项目三　原油蒸馏装置开停工

一、装置开工

（一）开工前准备

① 建立开工指挥机构，做好开工方案、开工风险预评价及事故预案并交生产运行部、技术发展部进行审核，开工方案经审批合格后对岗位人员进行培训并考核。

② 搞好装置环境卫生，清除各种杂物。

③ 准备好消防、安全工具（灭火器、蒸汽带、防火沙）。

④ 备好各种配件（螺栓、垫片、阀门等）。

⑤ 备好工具用品（盲板、扳手、点火器、手电、交接班日记、岗位记录、分析记录）。

⑥ 组织人员学习开工方案，技术人员交待装置改动项目。

⑦ 装置公用系统引进蒸汽、净化风、循环水、新鲜水。

⑧ 将校验好的压力表、安全阀按规定安装好。

⑨ 各机泵、风机注好润滑油。

⑩ 设备管线贯通试压合格（列出需处理管线清单）。

⑪ 按照盲板表拆下盲板并做好记录，派专人管理。

（二）开工前确认

① 装置内所有阀门是否都处于关闭状态。

② 转动设备是否全部好用。

③ 设备、管线试压是否全部合格，具备开工条件。

④ 电器、仪表是否好用，DCS 系统是否投用（重点检查电脱盐系统改造部分）。

⑤ 安全、消防，通信设备是否齐全好用。

⑥ 原料是否备足。

⑦ 瓦斯、天然气、燃料油是否已引入装置。

⑧ 蒸汽、新鲜水、循环水、净化风是否已引入装置。

⑨ 动力电是否引入装置。

⑩ 工艺卡片是否上墙，交接班日记及操作记录纸是否备齐。

（三）全面大检查

（1）加热炉检查

① 检查火嘴、压力表、灭火蒸汽、烟道挡板、看火窗、防爆门、通风门是否齐全好用和灵活好用。检查烟道挡板开度是否正确。

② 检查炉管回弯头，支吊架、炉墙是否完好。炉内杂物是否清除干净。

③ 引雾化蒸汽至加热炉各火嘴，用蒸汽贯通各雾化蒸汽分支及各油嘴是否畅通，各火嘴的油阀和汽阀是否好用，检查油嘴安装是否垂直，各阀门有无渗漏现象。

④ 检查完毕，并将存在问题解决后，关闭所有阀门等待开工。

（2）塔和容器检查

① 检查各人孔、法兰、螺丝是否满帽、拧紧，连接法兰、阀门是否安装好，法兰垫片有无偏斜。

② 检查液面计、安全阀、逆止阀、热电偶、压力表安装有无异常，灭火蒸汽胶管安装是否完毕。

③ 塔底放空阀、容器放空阀，采样阀是否关闭。

(3) 冷却、换热设备检查

① 冷却，换热设备头盖螺丝是否紧固，满帽，垫片是否对正。

② 低点排凝阀是否关闭，设备丝堵、管线连接是否紧固，阀门开关是否灵活好用。

(4) 工艺管线检查

① 各工艺管线以及法兰、阀门、垫片、螺栓等是否有缺欠、是否紧固，压力表，热电偶安装是否齐全、正确。

② 各脚手架及临时电源是否全部拆除，易燃物是否全部清除干净。

③ 按盲板表，检查各盲板拆装是否有误。

④ 各灭火蒸汽胶管及灭火器材配备是否完整，胶管是否畅通。

⑤ 各阀门开关是否灵活好用。

(5) 机泵检查

① 机泵安装是否完好，压力表安装是否齐全，对轮罩安装是否完好。

② 地脚螺栓、出入口等各阀门、法兰螺丝是否拧紧。

③ 润滑油是否全部更换新油。

④ 用手盘车是否灵活，启动各机泵，检查转动方向是否正确。

(四) 开工操作

1. 引公用工程

(1) 引 1.0MPa 蒸汽

改好装置内蒸汽系统流程；关闭蒸汽主线上各支线阀门；联系调度引蒸汽；缓慢打开蒸汽界区阀门；蒸汽进装置阀后排凝处脱尽存水，微量见汽；调整蒸汽进装置阀门开度；打开蒸汽末端排凝阀微见汽；关小各排凝微见汽为止。

(2) 引除盐水

改好装置内除盐水系统流程；联系调度引除盐水；打开除盐水入装置阀；确认除盐水引入装置。

(3) 引循环水

关闭装置内循环水各分支送水、回水阀；联系调度引循环水；打开本装置区循环水总管网络、回水阀门；确认循环水引入。

(4) 引净化风

确认装置内各净化风阀门全部关闭；联系调度引净化风；打开净化风入装置阀门；打开净化风脱水阀进行净化风的脱水、排空置换；确认排出的净化风无杂质、粉尘、压力稳定；打开末端净化风阀门进行装置内净化风管线的排空置换。

(5) 引动力电

联系电工向装置送电；电力系统正常。

2. 蒸汽吹扫

蒸汽吹扫包括原油系统、常压塔顶系统、汽油系统、煤油系统、轻柴油系统、渣油系统、一中段回流系统、二中段回流系统、瓦斯系统、天然气系统。

改好各系统蒸汽吹扫流程；引吹扫蒸汽至各吹扫蒸汽给汽点前；打开各系统给汽阀门；每隔半小时活动吹扫系统所属阀门；各系统吹扫合格；关闭各系统给汽阀门。

3. 引入天然气

联系设备人员拆除天然气系统盲板；关闭燃料系统各低点排凝阀；关闭燃料到各加热炉前所有手阀；联系调度引入天然气；打开天然气进装置界区手阀；各低点排凝、各炉前、燃料气罐底部排液，见气后关闭；确认天然气引入装置。

4. 装置进油冷循环

① 改好原油系统流程。

② 确认常压塔、闪蒸塔、电脱盐罐、各换热器排凝、放空阀关闭。

③ 联系调度向装置送油。

④ 根据原油系统各点温度变化判断原油引入部位并密切注意闪蒸塔、常压塔底液位变化情况。

⑤ 打开一级电脱盐罐进出口阀和放空阀，缓慢装油，待罐顶放空见油后，关闭一级电脱盐罐放空阀，一级电脱盐罐装满油；打开二级电脱盐罐出入口阀门和放空阀，放空见油后，关闭二级电脱盐罐放空阀。

⑥ 随着原油引入装置，各排凝点加强脱水，见油后关闭排凝阀。

⑦ 闪蒸塔进油后，从闪蒸塔底泵排凝处脱水，见油后关闭排凝阀。闪蒸塔液位达50%启动闪蒸塔底泵。

⑧ 常压塔底泵见油后，关闭排凝阀，启动常压塔底泵；经常压渣油外甩液位调节阀，常压渣油外甩冷却器副线送回成品原油罐，进行闭路循环脱水。

⑨ 常压炉进油后，点一个火嘴，维持炉出口温度70～80℃，渣油冷却器加水。

⑩ 常压塔进油后，从塔底泵排凝处脱水，见油后关闭排凝阀。常压塔液面达50%启动常压塔底泵，将原油经渣油冷却器送至渣油罐，建立原油系统闭路循环。

⑪ 原油系统循环建立后，平稳控制原油量和塔底液面在50%左右。

⑫ 在冷循环期间，塔底备用泵切换一次，置换备用泵壳及入口管线内的空气和存水。

⑬ 启动注破乳剂泵，向原油系统注破乳剂。

⑭ 一、二级电脱盐罐送电。

⑮ 全面检查设备、管线、阀门、螺栓、垫片，人孔有无问题，机泵运行是否正常、电脱盐罐电压、电流是否正常。

5. 升温脱水及恒温热紧

① 渣油外甩冷却器出口阀采样分析含水小于0.5%时，加热炉增点火嘴，炉出口升温到200℃进行恒温脱水。

② 渣油冷却器出口温度≤95℃。

③ 启动常压塔顶空气冷却器、汽油冷却器，并控制好汽油罐油水界面，当塔顶温度达90℃时，启动回流泵，及时向塔顶打回流。

④ 控制好汽油罐油水界面和塔顶温度上升速度。

⑤ 塔顶温度、压力平稳，塔底无响声，塔底泵无抽空现象，渣油分析含水小于0.5%时，说明水分已脱净。

⑥ 加热炉增点火嘴，以炉出口温度35℃/h的速度由200℃升温至250℃，保持炉出口

温度进行热紧。

⑦ 联系检维修人员对系统进行热紧。

6. 再升温开侧线

① 各机泵运行正常，塔底液面正常、平稳，各部温度、压力、流量、液位仪表指示无误，调节好用，各设备无泄漏，热紧固结束；

② 加热炉出口温度按 35℃/h 速度继续升温；

③ 常压塔加热炉出口温度达 320℃后，常压塔底开始吹入少量过热蒸汽；

④ 联系成品车间开汽油、煤油、柴油罐入口阀，准备接收成品油；

⑤ 汽油罐液面达 50%时，改好汽油出装置及碱洗（提前加好碱液），脱硫醇系统流程，汽油送出装置；

⑥ 常压塔顶温度正常，汽提塔各段液面达 60%时，依次启动煤油、柴油侧线泵，使侧线油送出装置，并建立中段回流；

⑦ 平稳控制汽提塔液面及侧线抽出量，使汽提塔液面保持在 40%～60%；

⑧ 注意各启用机泵的运行状况。

7. 调整操作

① 根据厂部生产方案的要求，增加原油量至规定量；

② 按工艺指标要求，平稳控制各塔、容器液位，平稳控制炉出口温度和塔进料温度；

③ 常压塔底吹汽，侧线汽提吹汽量调整至正常量；

④ 平稳控制常压塔顶压力，侧线温度，油品冷却后温度，据质量情况调节侧线抽出量及各部温度；

⑤ 二催进料前，将常渣温度调节至 190℃左右，确保二催进料温度，当二催渣油与油浆换后温度达到设计进料温度后，常渣出装温度逐渐调节至正常出装温度（设计 140℃）；

⑥ 联系厂调度室及渣油罐区准备扫渣油线；

⑦ 给汽吹扫渣油外甩线至渣油罐区，扫线结束后，打开排凝阀，排出系统内蒸汽及存水；

⑧ 原油中注入适量水和破乳剂，常压塔顶注入适量缓蚀剂。

（五）危害识别及控制措施

危害识别及控制措施见表 3-1。

表 3-1　危害识别及控制措施

编号	过程	危险因素	危害	触发原因	防范措施
1	引 1.0MPa 蒸汽	高温：180～200℃；高压：1.0MPa	灼烫	①注意力不集中 ②放空皮管乱甩 ③防护用具不全	①应急计划 ②放空皮管固定，不朝人行道排汽 ③完善防护用具
			串线	盲板未隔离	盲板隔离
			水击损坏设备	①引汽过快，未排尽凝水 ②放空未开	①由汽源向用汽点逐个开放空排凝引汽 ②沿途及末端放空打开排凝，防止憋压
2	引氮气	高低压氮气压力等级不同	超压损坏设备	高压串低压	严格执行操作规程

续表

编号	过程	危险因素	危害	触发原因	防范措施
3	氮气置换	惰性气体	窒息	密闭空间排放氮气	禁止在密闭空间排放氮气
4	气密	高压气体	泄漏伤人	未泄压整改漏点	①泄压后整改漏点 ②执行气密要求
5	加热炉点火	高温；可燃气	火灾	①火嘴熄火 ②瓦斯泄漏 ③炉管破裂	①操作规程 ②巡检制度 ③应急计划 ④消防线
			爆炸	①火嘴熄火 ②瓦斯泄漏 ③炉管破裂	①操作规程 ②巡检制度 ③应急计划 ④消防线
6	热紧	高温 250℃	灼烫	①人的因素 ②防护用具不到位	①安全教育 ②完善防护用具
7	引瓦斯	瓦斯	泄漏	①进出口法兰漏 ②腐蚀穿孔 ③放空不严	①巡检制度 ②设备检维护制度
8	投电脱盐	高压原油	跑油 火灾	①超压 ②遇明火 ③放空不严 ④脱水阀不严	①操作规程 ②监盘 ③巡检制度
		高压电	短路 着火	①罐内有导电物质 ②电器有问题 ③放电着火	①巡检制度 ②检修制度
9	投换热器	高温油品	火灾 泄漏	①附近动火 ②法兰、头盖泄漏 ③泄漏自燃	①操作规程 ②应急计划 ③巡检制度
10	加热炉点火	瓦斯明火	回火	①炉膛吹扫不干净 ②未按规程操作 ③瓦斯阀门不严	操作规程
			爆炸	①炉膛吹扫不干净 ②回火 ③未按规程操作 ④瓦斯阀门不严	操作规程
			灼伤	①回火 ②违章操作 ③劳保不合格	①操作规程 ②应急计划
11	换泵，处理泵抽空，启用泵，启用压缩机	汽油 柴油 航煤 蒸汽 液态烃	泄漏	①机械密封漏 ②阀门法兰损坏 ③放空未关	①巡检制度 ②日常维护检修 ③操作规程 ④管理规定
			憋压	①流程倒错 ②人为原因	①操作规程 ②巡检制度
			灼烫	①人为原因 ②劳保不合格	应急计划
			火灾	①介质渗出 ②摩擦	巡检制度
			自燃	介质渗出	①巡检制度 ②应急计划
			抱轴	①摩擦 ②缺油 ③轴安装不合理	①巡检制度 ②日常维护检修 ③管理规定 ④润滑管理规定

二、装置停工

1. 停工前准备

① 联系调度确定准确的停工时间。

② 确认各岗位人员已经阅读、掌握停工方案。

③ 通知仪表、电气、维修有关部门装置停车时间，要求其做好停工配合工作。

④ 确认罐区各罐有足够空间收纳退出物料。

⑤ 配合技术人员准备好盲板明细表。

⑥ 配合队伍按要求准备好所用盲板。

⑦ 联系调度，保证停工期间蒸汽供给。

⑧ 确认可燃气体报警仪设施完好。

⑨ 确认 1.0MPa 蒸汽管网压力稳定。

⑩ 确认消防栓、灭火器、消防蒸汽胶管等消防设施完好。

⑪ 确认通信设施电话、对讲机完备好用。

⑫ 确认停工所用工具准备齐全。

2. 停工操作

(1) 原油降量

① 联系调度准备降量；

② 调节原油流控阀开度，降低原油量；

③ 根据降量幅度，适当减小侧线抽出量、各回流量，保证产品质量合格；

④ 减少火嘴数量；

⑤ 减小汽提吹汽量；

⑥ 控制燃料阀开度，保证炉出口温度不变。

(2) 降温降量

① 联系调度，一级电脱盐停电，原油走一级电脱盐副线；

② 停一级注水泵，二级脱水改走下水；

③ 联系调度，用注水泵从一级电脱盐反冲洗线向一级电脱盐罐注水，利用渣油外甩线将电脱盐罐内存油退回成品原油罐；

④ 联系调度，退一级电脱盐罐原油；

⑤ 减少燃料火嘴数量；

⑥ 通过控制燃料阀开度，降低炉出口温度，降温速度控制在 30～40℃/h；

⑦ 通过调节原油流控阀开度，降低原油量；

⑧ 联系调度将不合格油改送入废油罐；

⑨ 炉出口温度降到 320℃时，停汽提吹汽；

⑩ 侧线泵抽空时立即停运各机泵；

⑪ 常压塔顶温度低于 90℃时，停止塔顶冷回流；

⑫ 停缓蚀剂泵，停注缓蚀剂；

⑬ 各侧线停泵后，停运空冷风机；

⑭ 各水冷却器停止给水；

⑮ 打开放空阀，排净冷却器内存水；

⑯ 常压塔加热炉出口温度降至250℃时，常压塔加热炉熄火；

⑰ 常压塔加热炉出口温度降至200℃时，联系调度停原油泵；

⑱ 电脱盐停二级注水泵、注破乳剂泵，二级电脱盐停注水和注破乳剂；

⑲ 联系调度，二级电脱盐停电。

（3）系统退料

① 联系调度，将二级电脱盐罐切除，退二级电脱盐罐原油，打开二级电脱盐出入口副线阀；

② 联系调度，用注水泵从二级电脱盐反冲洗线向二级电脱盐罐注水，利用渣油外甩线将电脱盐罐内存油退回成品原油罐；

③ 待原油系统压力降至低于蒸汽压力后，关闭闪蒸塔进料阀，阀前给汽反扫本装置换热原油系统管线，将原油退至原油罐；

④ 闪蒸塔内油抽净后，停运闪底泵，闪蒸塔底泵出口给汽，将常渣Ⅰ换热器及炉管内原油退至常压塔；

⑤ 据常压塔底液面情况，间断启动塔底泵，将塔内存油送往Ⅱ催渣油贮罐，常压塔底油抽净后，停运塔底泵；

⑥ 关闭中段泵出入口阀，中段泵吸扬程给汽，将中段系统内存油退至常压塔；

⑦ 汽油罐中存油，用泵抽净送出装置；

⑧ 碱洗罐中存油用水顶至成品汽油罐；

⑨ 煤油汽提塔内存油由煤油泵退至成品罐；

⑩ 柴油汽提塔内存油由柴油泵退至成品罐。

（4）蒸汽吹扫

吹扫每条管线及设备都应有专人负责，记录吹扫时间，吹扫人签字；吹扫前应放净管线和设备中的存水，以防水击，关闭无关的连通阀，防止串汽、串风、串水，每条管线要做到扫净，不留死角；吹扫过程中，设备内存水及时排净，严禁水击；冷却器先将冷却水切断，打开排凝阀和放空阀，将水放净，防止存水汽化憋压损坏设备；换热器一程扫线另一程必须放空防止憋压；控制阀先扫副线后扫阀门；集中汽量，阀门节流，憋压吹扫；计量表一律经副线吹扫；吹扫前应先与有关岗位和装置联系，以便配合吹扫。

（5）蒸洗塔和容器

① 原油线、中段回流线、顶回流线吹扫即将结束时可进行蒸洗塔；蒸洗塔之前，打开常压塔顶放空阀、常压塔至汽提塔馏出各阀门及温控调节阀组各阀门；

② 由煤油、柴油泵吸程、常一中、二中泵吸扬程、闪底泵吸扬程向常压塔和闪蒸塔、汽提塔内给汽蒸塔；

③ 启动常压塔顶回流泵，由塔顶回流线向塔内打水；

④ 连续向塔内给汽，间断向塔内打水，每次打水约20min，塔底液体全部放净后，方可再次向塔内打水，避免塔内液体中含油，浮在水面造成洗塔时间过长或洗塔不彻底；

⑤ 经反复几次洗塔，塔底排出液体无油时即为洗塔合格；

⑥ 洗塔合格后，继续给汽，蒸塔48h（蒸塔时蒸汽以塔底和进料给汽为主，中段给汽为辅），蒸塔时连同空冷、冷却器、汽油罐等设备一并进行；

⑦ 一、二级电脱盐罐内油退净后，用反冲洗线向罐内装水，装满后从罐底排污阀将水放净，然后再次装水，直至罐底排污见清水为止；

⑧ 汽油出装置水顶线结束后，打开罐底排凝阀排出罐内存水，由汽油泵出口给汽蒸罐 48h；

⑨ 关闭碱洗罐出口阀，打开碱洗罐顶放空阀；

⑩ 瓦斯罐底排凝阀关闭，罐顶放空阀打开，给汽蒸瓦斯罐 48h；

⑪ 注缓蚀剂泵扬程给汽向常压塔顶扫线见汽后关闭扫线蒸汽，在低点将存水排净。

3. 危害识别及控制措施

危害识别及控制措施见表 3-2。

表 3-2 危害识别及控制措施

编号	过程	危害	防范措施
1	退废碱	污染下水系统	①退碱操作要平稳，严禁将瓦斯退入废碱罐，使碱喷出 ②废碱全退入废碱罐，用废碱车拉到排水车间集中处理
		碱灼伤	①操作人员穿戴专用防护用品，如防碱服、护目镜 ②退碱要平稳，严禁将瓦斯退入废碱罐，造成喷溅伤人
2	水顶烃	污染下水	碱洗罐水顶烃完毕后，在放空处用 pH 试纸测试，如在 5～12 范围之内，则排入下水，否则排入废碱罐，用废碱车拉出装置排放
3	吹扫	碱烧伤	脱硫醇系统、处理放空、排凝线时，要戴护目镜
		烫伤	①穿戴好劳保用品 ②检查管线是否过汽时，用红外测温仪测试，以防烫伤 ③调节放空开度、解开法兰排空时，人站在侧面操作
		中毒	①引汽前，确保系统内物料已排尽 ②吹扫初期，人在装置内不能久留，以防瓦斯中毒 ③吹扫开始后的前 2h，人进入脱硫区应佩戴防毒面具(可以防止硫化氢中毒)，站在上风向操作，以防硫化氢中毒
		着火爆炸	①引汽前，确保系统内物料已排尽，以防大量瓦斯吹扫到装置内 ②设备排空后尽快引汽吹扫，且按规定不能间断，以防设备内硫化铁自燃
		坠落	开关 2m 以上高处阀门、拆加盲板等作业，执行《高处作业管理程序》
4	拆加盲板	压力伤害	①拆加盲板解开法兰前要泄压，确保管线内无压力，无介质时再拆卸螺栓 ②拆卸螺栓时不要一下子全拆完，要保留 2 个左右，用撬棍裂开法兰，确保无压力，无介质时方可全部拆完 ③人不要正对法兰截面
		碱烧伤	①脱硫醇碱系统拆加盲板时，要佩戴有面罩的安全帽，人不要正对法兰截面 ②拆加盲板裂开法兰前要泄压，确保管线内无压力、无介质时再拆卸螺栓 ③拆卸螺栓时不要一下子全拆完，要保留 2 个左右，用撬棍裂开法兰，确保无压力、无介质时方可全部拆完
		坠落	2m 以上高处进行拆加盲板作业要开高空作业票，并按工作票上的规定内容执行

项目四　原油蒸馏装置应急处理

一、动作说明

操作性质代号：(　) 表示确认；[　] 表示操作；＜　＞表示安全确认操作。

操作者代号：操作者代号表明了操作者的岗位。

班长用 M 表示；中心控制室操作员用 I 表示；现场操作员用 P 表示。

将操作者代号填入操作性质代号中，即表明操作者进行了一个什么性质的动作。

例如：

〈I〉—确认 H_2S 气体报警仪测试合格

(P)—确认一个准备点火的燃料气主火嘴

[M]—联系调度引燃料气进装置

二、装置紧急停工

紧急停工应急操作卡见表 4-1。

表 4-1　紧急停工应急操作卡

事故名称	紧急停工
事故现象	①本装置内发生重大着火、爆炸事故 ②加热炉管严重烧穿、漏油着火 ③常压塔或转油线等主要设备严重漏油着火 ④主要机泵如闪蒸塔底泵、常压塔底泵等严重故障无法运行或泄漏着火 ⑤公用系统如水、电、汽、风等长时间中断 ⑥重大的自然灾害如地震、飓风等 ⑦外装置发生重大事故，严重威胁本装置安全
危害描述	①温度大幅度变化，设备管线热胀冷缩，易出现法兰泄漏、炉管弯曲、密封泄漏、管线破裂、着火等情况 ②压力变化大，会有超压情况发生，造成设备泄漏、安全阀起跳等 ③操作变化大，液面控制不稳，易出现冲塔、污染成品罐、罐满溢油等现象 ④由于思想紧张、动作不协调，易出错、易发生碰伤、摔伤、烫伤等人身事故
事故原因	在装置生产过程中，当遇到突发的重大事故时，为了迅速控制事态，避免事故的扩大和蔓延，保护人身、设备的安全，最大限度地减少损失，迅速恢复生产，即应果断地采取紧急停工手段
事故确认	确认需要紧急停工
事故处理	(1)初期险情控制 [M]—正确判断事故的原因 [M]—迅速查明发生事故的部位、程度和原因 [M]—及时报告车间、公司调度室 [M]—全面负责并布置装置的对外联系工作 [M]—指挥并配合各岗位进行紧急处理 [M]—全面检查和掌握事故的处理进程，及时向车间领导或值班人员汇报 (2)工艺处置 [P]—关闭炉前所有燃料手阀及火嘴一次阀，常压塔加热炉熄火 [P]—关闭各塔汽提吹汽，将过热蒸汽改放空 [P]—电脱盐停止注水和破乳剂，脱硫醇风线阀关闭 [I]—通知罐区停原油泵，切断装置进料 [P]—视各塔、器液面情况相继停运各机泵 [P]—常压塔顶温度降至 90℃ 以下时，停塔顶回流泵 [I]—电脱盐停止送电

续表

事故名称	紧急停工
事故处理	[P]一视汽油罐、脱盐罐界面情况及时停止脱水 [P]一冬季要做好蒸汽线、水线等排水防冻工作
退守状态	装置停工，做好随时开工或退油扫线工作

三、装置停电事故

装置停电事故应急操作卡见表4-2。

表4-2　装置停电事故应急操作卡

事故名称	装置停电
事故现象	①DCS系统电源报警，并切换UPS供电 ②DCS画面所有流量指示回零 ③装置响声瞬间消失，装置区、机泵房照明全部熄灭，电动仪表断电，装置无法正常生产
危害描述	①进料中断，加热炉超温，炉管结焦，烧坏炉管 ②空气冷却器、回流泵停，塔顶压力、温度难以控制，产品质量不合格 ③系统压力急剧波动，设备法兰易泄漏，高温油泄漏易着火 ④塔顶及电脱盐安全阀容易起跳 ⑤脱硫醇汽油倒入风罐
事故原因	①厂总变电站故障 ②装置内配电室供电系统故障或电工误操作 ③打雷晃电造成电路故障
事故确认	机泵、风机等运转设备全部停运
事故处理	(1)初期险情控制 [M]一联系厂调度室查明停电原因、范围及时间长短，决定处理方案 [M]一立即联系调度，通知原油罐区停原油泵 (2)工艺处置 [P]一关闭炉前所有燃料手阀及火嘴一次阀，常压塔加热炉熄火 [P]一向炉膛大量吹入蒸汽 [P]一关闭各运转泵出口阀 [P]一关闭各塔汽提吹汽 [P]一冬季适当开过热蒸汽放空阀 [P]一关闭电脱盐注水、注破乳剂阀 [P]一关闭脱硫醇风线阀 [P]一关闭汽油罐、电脱盐罐脱水前手阀 [P]一冬季做好蒸汽线、水线等排水防冻工作 (M)一停电期间做好重新开工或退油扫线准备 (3)来电后 [P]一启动汽油泵，建立常压塔顶回流 [I]一调整常压塔顶温度和压力在指标范围内 (M)一确认净化风恢复 [M]一联系调度，通知成品工序启动原油泵 [P]一原油流量有显示后，马上启动闪蒸塔底泵、常压塔底泵 [I]一根据各塔、罐液面情况调整原油量，确保系统不超压 [M]一如天然气入装置总阀关闭，联系调度，引天然气入装置 [P]一常压炉点火 [P]一调整炉出口温度在指标范围内，确保炉管不结焦 [P]一启动一中段回流泵，适当调整扬程阀开度，确保泵不抽空 [P]一常压塔底温度达320℃时，适当开各塔汽提吹汽 [P]一视汽提塔液面情况，启动柴油泵，油品送出装置 [P]一视汽油罐液面情况，汽油送出装置 [P]一电脱盐送电，注水和破乳剂，脱硫醇注净化风
退守状态	装置停工，系统油未退 停电15min以上，做好重新开工或退油扫线的准备

四、装置晃电事故

晃电事故应急操作卡见表4-3。

表4-3　晃电事故应急操作卡

事故名称	装置晃电
事故现象	①DCS闪烁后恢复正常，在电源切换过程中，出现电源报警鸣音 ②DCS画面部分参数有声光报警，部分参数流量回零
危害描述	①两塔液位急剧波动 ②加热炉进料中断，炉出口温度上升，炉管结焦，严重时炉管烧穿 ③回流中断，塔内温度压力急剧上升，安全阀启跳 ④装置个别运转机泵停运，照明熄灭，电动仪表断电
事故原因	①打雷造成装置发生晃电 ②电气故障
事故确认	部分机泵、空冷风机或炉风机停运
事故处理	(1)初期险情控制 [M]—立即联系调度，汇报情况 [P]—迅速启动停运的运转设备 (2)工艺处置 [I]—根据DCS画面各参数变化情况，及时、准确地判断机泵运行情况，迅速调整操作 [I]—控制塔顶压力不超高、各塔器液位在指标范围内 [I]—如果侧线或回流泵无法启动，则降量维持生产，调整操作 [P]—迅速到现场检查机泵运转情况，立即启动停运机泵 (M)—如果闪蒸塔底泵、常压塔底泵等关键设备停运不能启动，备用泵也无法启动，则联系调度，通知原油罐区停泵，按紧急停工处理
退守状态	①各项操作调整完毕，生产逐渐恢复正常 ②如果闪蒸塔底泵、常压塔底泵等关键设备停运不能启动，备用泵也无法启动，则通知调度原油罐区停泵，按紧急停工处理

五、净化风中断事故

净化风中断事故应急操作卡见表4-4。

表4-4　净化风中断事故应急操作卡

事故名称	净化风中断
事故现象	①DCS调节手段失灵 ②风开阀全关，风关阀全开 ③电脱盐罐压力急剧下降或回零 ④原油流量指示回零
危害描述	①塔顶回流量过大或带水 ②系统压力急剧波动，设备法兰易泄漏，高温油品外溢着火 ③加热炉进料中断，炉出口温度上升，炉管结焦，严重时炉管烧穿 ④加热炉易发生闪爆
事故原因	①空压站发生故障 ②净化风管路故障 ③净化风入装置阀被他人误关
事故确认	①现场调节阀压力指示大幅下降或回零 ②各调节阀调整手段无效
事故处理	(1)初期险情控制 [M]—立即联系调度，查明停风原因、范围和时间长短 [M]—联系调度，通知罐区原油泵降压 (2)工艺处置 [M]—立即联系调度，通知罐区原油泵降压 [I]—将所有调节阀改手动位置

续表

事故名称	净化风中断
事故处理	[I]一根据DCS画面各点参数变化情况,及时与外操保持联系,指挥外操调整现场手阀开度,调整各参数在指标范围内 [P]一关闭脱硫醇风线阀 [P]一立即到现场将调节阀改手阀控制,风关阀适当关小前手阀,风开阀适当开副线阀,操作先后顺序为: 首先适当开总原油流量控制、闪蒸塔底流量控制、渣油液位控制阀副线阀,根据两塔液位调整阀开度 适当开常压炉瓦斯或天然气副线阀 适当关小顶回流前手阀 适当开中段温度控制、流量控制副线阀 适当开汽油、电脱盐脱水副线阀 适当开煤油、柴油温度控制及汽油、柴油出装置副线阀,适当关小煤油出装置前手阀
退守状态	低量维持生产,待来风后恢复正常生产

六、装置原油中断事故

原油中断事故应急操作卡见表4-5。

表4-5 原油中断事故应急操作卡

事故名称	原油中断
事故现象	①电脱盐罐操作压力急剧下降或上升 ②原油质量流量计指示下降或回零 ③闪蒸塔底液位急剧降低
危害描述	①机泵抽空 ②加热炉超温,炉管结焦 ③电脱盐罐压力升高,安全阀启跳
事故原因	①罐区操作失误,改错流程,原油罐抽空,罐区原油泵故障 ②原油泵过滤器堵,原油泵吸入量不足,导致原油泵抽空 ③原油流量控制阀故障,自动关闭
事故确认	①闪蒸塔底液位下降 ②原油电脱盐罐压力大幅变化
事故处理	(1)初期险情控制 [M]一立即判断是装置内部原因还是装置外部原因,如果是外部原因,则立即联系调度,查明原油中断原因和时间 [M]一联系车间应急小组成员 (2)工艺处置 [I]一立即降低闪蒸塔底抽出量和常压塔底渣油抽出量 [I]一适当降低常压塔回流量及侧线抽出量 [I]一加热炉迅速减火 [M]一如果是装置内调节阀故障,马上开副线阀 [M]一如果是装置外部原因,迅速联系调度室,查明中断原因,快速排除故障,恢复生产 [M]一如果原油进料没有恢复,而闪蒸塔底液位已到低限或有抽空迹象,加热炉必须马上熄火,防止炉管结焦 [P]一视情况相继停运各运转机泵 [I]一视各点温度情况适当调整常压塔操作,降低汽油外送量以备打回流用 [M]一如果原油中断时间较长,按紧急停工处理
退守状态	装置停工,没有退油,及时做好原油泵启动及装置开工准备

七、装置循环水中断事故

循环水中断事故应急操作卡见表4-6。

表4-6　循环水中断事故应急操作卡

事故名称	循环水中断
事故现象	①DCS画面循环水流量指示回零 ②煤油、柴油出装置温度上升，常顶汽油冷后温度上升 ③常压塔顶及各侧线温度上升，常压塔顶压力上升 ④机泵冷却水中断
危害描述	①产品冷后温度难以控制，导致罐区冒罐 ②回流油温度升高，常压塔顶压力超高，安全阀启跳，引起火灾 ③泵冷却水停，机泵轴承温度升高，发生抱轴和机械密封泄漏事故
事故原因	①循环水场故障 ②送本装置循环水线故障
事故确认	①泵冷却水中断 ②产品出装置冷后温度上升 ③常压塔顶压力、温度上升
事故处理	(1)初期险情控制 [M]一立即联系调度，查明停水原因、范围和时间 [I]一降原油量，调整各侧线及中段回流量，低负荷操作 [P]一及时打开新鲜水或中水与循环水跨线阀 [I]一控制常压塔顶压力正常 (2)工艺处置 [I]一装置降量维持生产，内操员增加常压塔顶及各中段回流量，调整操作 [P]一打开一层平台南侧循环水与新鲜水或中水连通阀，保证机泵冷却水 [P]一视情况关小或全关塔底吹汽阀 [P]一冬季打开过热蒸汽放空阀 [P]一视常压塔顶压力情况增开空冷风机，降低常压塔顶压力 若循环水长时间不能恢复，根据生产部指令进行紧急停工
退守状态	①装置降量低负荷运行，维持生产 ②若循环水长时间不能恢复，无法维持时，按紧急停工处理

八、装置油泵泄漏事故

油泵泄漏事故应急操作卡见表4-7。

表4-7　油泵泄漏事故应急操作卡

事故名称	油泵泄漏
事故现象	①现场出现大量白烟或油雾 ②油品泄漏有可能引发着火，并伴随黑烟
危害描述	①泄漏区域人员发生石油气中毒 ②可燃液体大量泄漏，易发生火灾、爆炸事故 ③造成环境污染事件
事故原因	①设备、管线腐蚀或垫片老化发生泄漏 ②人员操作失误发生泄漏 ③检修管理不当
事故确认	①现场操作人员赶赴仪表报警现场检查确认 ②通过操作室监视画面查看现场泄漏、火险情况
事故处理	(1)初期险情控制 [P]一泄漏较小，立即停运泄漏泵，切换至备用泵 [M]一泄漏量较大，立即联系调度，通知消防队 [P]一泵出入口阀内侧(含密封、压盖、入口排凝、压力表接口等)泄漏着火，通过关闭泵出、入口阀门将泄漏点切除，如人员无法靠近，可先关闭距泵出入口最近阀门或在配电间将电机停电

续表

事故名称	油泵泄漏
事故处理	[P]—泵出入口阀外侧法兰、管线泄漏着火，应先停泵，并将与漏点相连两端最近的阀门关死，将泄漏点切除 [P]—如电机着火应及时停电，用干粉灭火器进行扑救；如泵房内火势较大人员无法进入停泵，可联系电气人员在配电间停电 [P]—打开泵房消防蒸汽阀，火势较大时应关闭门窗 (2)工艺处置 [M]—组织班组人员进行事故处理 汽油泵泄漏(或双泵都不能运行) [I]—联系调度，大幅度降低原油处理量 [I]—加大中段回流量 如汽油泵长时间停运，常压塔顶温度无法控制，按紧急停工处理 常压侧线泵泄漏(或双泵都不能运行) [I]—联系调度室，适当降低原油量 [I]—调整常压塔侧线抽出量，控制产品质量 回流泵泄漏(或双泵都不能运行) [I]—联系调度室，适当降低原油量；大幅度提高其他回流量 [I]—调整常压塔侧线抽出量，控制产品质量 闪蒸塔底泵泄漏(或双泵都不能运行)： [P]—常压炉立即熄火，关闭炉前所有燃料手阀和火嘴一次阀 [M]—按紧急停工处理 常压塔底泵泄漏(或双泵都不能运行) [M]—按紧急停工处理
退守状态	系统停车结束，置换合格等待检修处理

九、装置塔泄漏事故

塔泄漏事故应急操作卡见表4-8。

表4-8　塔泄漏事故应急操作卡

事故名称	塔泄漏
事故现象	有大量油品泄漏或引发火灾
危害描述	①泄漏区域人员发生石油气中毒，灼烫 ②可燃液体大量泄漏，易发生火灾、爆炸事故 ③灭火过程中污染物随灭火剂进入排水沟，封堵不及时易造成江水体污染
事故原因	①操作温度、压力变化过剧胀缩不均 ②管线焊口腐蚀、冲蚀严重泄漏 ③仪表设施腐蚀、冲蚀、法兰、垫片泄漏 ④检修质量差
事故确认	①现场操作人员赶赴仪表报警现场检查确认 ②通过主控室监视电视查看现场泄漏、火险情况
事故处理	(1)初期险情控制 [M]—塔区发生爆炸着火应立即报火警 [P]—泄漏点在与塔相连一次阀外侧可以切除，应关闭与塔相连阀门，将漏点所属系统切除 [P]—泄漏点在与塔相连一次阀内侧或塔体上无法切除，应中断进塔物料，将塔内物料倒空 (2)工艺处置 [M]—组织班组人员进行事故处理 [I]—塔区发生着火应立即报火警 [P]—塔体周围法兰、阀门、弯头、仪表接头等处，发生局部固定性火灾，应立即用消防水冷却，然后再作工艺处理 [M]—塔区发生火灾，应在控制、扑救的同时，作紧急停工处理 [I]—视情况采取装置降温降量或切断进料 [I]—塔、罐内油品大量外送

续表

事故名称	塔泄漏
事故处理	(3)设备处置 塔类设备、管线泄漏,对泄漏的物料进行掩护处理,或进行带压堵漏 泄漏量较大不能运行,立即停车抢修 仪表问题,联系仪表维修处理 (4)现场检测及疏散 联系工厂环境监测组,对泄漏区域进行环境检测 利用测爆仪、硫化氢便携式报警仪,对泄漏区域进行环境检测 无关人员撤离泄漏区域 (5)个体防护 现场工艺处理人员穿全身防护服,佩戴空气呼吸器,戴好手套 (6)环境保护 [P]一联系车间,清出污染物妥善处理 [M]一确认污染物不流入城市下水
退守状态	系统停车结束,置换合格等待检修处理

十、装置换热器泄漏事故

换热器泄漏事故应急操作卡见表 4-9。

表 4-9　换热器泄漏事故应急操作卡

事故名称	换热器泄漏
事故现象	①现场出现青烟或大量黑烟 ②高温介质泄漏有可能引发着火,并伴随黑烟
危害描述	①泄漏区域人员发生石油气中毒,窒息 ②可燃液体大量泄漏,易发生火灾、爆炸事故 ③造成设备损坏,环境污染事件
事故原因	①操作压力过大或后部堵塞 ②操作温度和压力急剧变化 ③壳程出口防冲板脱落,堵塞出口,造成憋压 ④垫片年久失修或腐蚀坏,检修质量差
事故确认	①现场操作人员赶赴现场检查确认泄漏的换热器位号、部位 ②通过远距离查看现场泄漏、火险情况
事故处理	(1)初期险情控制 [M]一联系调度,通知消防队 [M]一联系外操,降低泄漏换热器所属系统压力 [P]一外操员用消防蒸汽、干粉灭火器,控制火源火势扩大,并利用消防栓为附近管带降温;查明泄漏的换热器的位号及部位,并用现场对讲系统,及时向班长报告现场的情况 [P]一停运泄漏换热器所属系统机泵 [P]一泄漏点在换热器出入口阀内侧(含法兰、排凝、浮头等)可以先将换热器副线阀打开,关闭换热器出入口阀,将换热器切除 [P]一泄漏点在换热器出入口阀外侧,无法通过关闭出入口阀切除,应从最近点阀门或停泵将换热器切除;如果不能就近切断,停运泄漏换热器所属系统机泵或塔壁抽出阀和出装阀,降低泄漏系统压力 [P]一如换热器着火应及时用消防蒸汽、干粉灭火器进行扑救;同时对周围换热器用消防水掩护降温,如火势较大,及时报告消防队,启动紧急停车预案 (2)工艺处置 [M]一组织班组人员进行事故处理 原油与侧线换热器 E104、E106 泄漏 常压侧线换热器泄漏 [P]一把泄漏的侧线换热器改副线,关闭泄漏换热器出入口阀 [I]一常压塔内操员调整操作,防止常压塔顶温度、压力超标,降低原油处理量 原油换热器发生泄漏 [P]一常压塔外操员立即把泄漏的换热器改走副线,关闭泄漏原油换热器出入口阀 [P]一如泄漏点较大或发生泄漏着火,无法切除处理,可停运原油泵

续表

事故名称	换热器泄漏
事故处理	[P]一切除原油换热器后再启动原油泵 [M]一如泄漏点较大或发生泄漏着火，短时无法切除处理和控制，装置按紧急停工处理 中段回流换热器泄漏或着火 [P]一应立即把泄漏的换热器改走副线，关闭泄漏换热器出入口阀 [P]一如泄漏点较大或发生泄漏着火，无法切除处理，可停运该回流泵 [P]一关闭返塔阀，待泄漏点被控制或火势被控制后，再切除泄漏的回流换热器 [I]一常压塔内操员相应的提高塔顶回流和其他回流量，控制常压塔顶温度、压力 [M]一如泄漏点较大或发生泄漏着火，无法切除处理和控制，装置按紧急停工处理 常渣换热器发生泄漏 [P]一把泄漏的常渣换热器改副线，关闭泄漏常渣换热器出入口阀 [P]一如泄漏点较大或发生泄漏着火，无法切除处理，可短时间停常底泵，待泄漏点被控制或火势被控制后，再切除泄漏的常渣换热器 [I]一常压内操大幅度降低原油处理量 [M]一如泄漏点较大或发生泄漏着火，无法切除处理和控制，装置按紧急停工处理 闪蒸塔底油换热器发生泄漏 [P]一立即把泄漏的换热器改走副线，关闭初底油换热器出入口阀 [P]一初底油换热器发生泄漏或着火如现场无法切除，常压岗位可短时间停初底泵，待泄漏点被控制或火势被控制后，再切除泄漏的初底油换热器 [I]一常压塔内操员大幅度降低原油处理量，降低常压炉炉温 [M]一如泄漏点较大或火势无法控制，装置按紧急停工处理 (3)设备处置 换热器设备本体、法兰、管线泄漏切除该换热器，对泄漏换热器进行维修处理，或进行带压堵漏 (4)现场检测及疏散 联系工厂环境监测组，对泄漏区域进行环境检测 利用测爆仪、硫化氢便携式报警仪，对泄漏区域进行环境检测 无关人员撤离泄漏区域 (5)个体防护 现场工艺处理人员穿全身防护服，佩戴空气呼吸器，戴好手套 (6)环境保护 [P]一联系车间，清出污染物妥善处理 [M]一确认污染物不流入城市下水
退守状态	系统停车结束，置换合格等待检修处理

十一、装置容器泄漏事故

容器泄漏事故应急操作卡见表4-10。

表4-10 容器泄漏事故应急操作卡

事故名称	容器泄漏
事故现象	①大量油品喷出并伴有黑烟 ②引发爆炸火灾等重大事故，影响其他车间和全厂安全稳定生产 ③可燃气体报警器报警 ④引起瓦斯系统爆炸
危害描述	①泄漏区域人员发生石油气中毒 ②可燃液体大量泄漏，易发生火灾、爆炸事故 ③造成环境污染事件
事故原因	①电脱盐罐、汽油罐、渣油罐及高压瓦斯罐出入口阀门、法兰垫片呲开泄漏 ②液面计、界位计、脱水阀、罐体焊口，发生泄漏 ③操作压力过高或后部堵塞憋压
事故确认	①现场操作人员赶赴仪表报警现场检查确认 ②通过主控室监视电视查看现场泄漏、火险情况

续表

事故名称	容器泄漏
事故处理	(1)初期险情控制 [M]—联系控制室降低系统操作压力 [P]—关闭油品进罐阀，中断油品进罐 [P]—加大罐内油品抽出量，减少罐内油品储量 [P]—采用消防蒸汽、干粉及消防水救火。油品及含油污水封堵到围堰收集严禁油品进入城市下水 (2)工艺控制 [M]—组织班组人员进行事故处理 汽油罐泄漏 [I]—联系调度，通知罐区停原油泵 [I]—加大汽油抽出量，尽快将罐内汽油抽空 [M]—班长组织用干粉和消防蒸汽对泄漏部位进行掩护，查清泄漏部位，如果罐泄漏严重导致着火，应立即报火警，按紧急停工处理 电脱盐罐泄漏 [M]—联系调度降低原油加工量 [P]—开电脱盐罐副线阀，关闭电脱盐罐出入口阀门，立即切除电脱盐罐 [I]—电脱盐停电、停注水和破乳剂 [P]—利用注水泵将电脱盐罐内存油退至原油罐区 高压瓦斯罐泄漏 [P]—加热炉改烧天然气或燃料油 [P]—将高压瓦斯罐切除 [P]—将消防蒸汽引致高低压瓦斯罐掩护稀释瓦斯浓度，防止着火爆炸 碱洗罐泄漏 [P]—开泄漏的碱洗罐副线阀 [P]—关闭泄漏罐出入口阀，切除该罐
退守状态	系统停车结束，置换合格等待检修处理

学一学　HSE 管理体系

健康、安全、环境（HSE）管理体系是一种事前进行风险分析，确定其自身活动可能发生的危害及后果，从而采取有效的防范措施防止事故发生，以减少可能引起的人员伤害、财产损失和环境污染的有效方法。HSE 管理体系是国际石油界普遍采取的现代化管理方法，也是当前进入国际市场竞争的通行证。

健康（Health）是指人身体上没有疾病，在心理上（精神上）保持一种完好的状态。

安全（Safety）是指在劳动生产过程中，努力改善劳动条件、克服不安全因素，使劳动生产在保证劳动者健康、企业财产不受到损失、人们生命安全的前提下顺利进行。

环境（Environment）是指与人类密切相关的、影响人类生活和生产活动的各类活动和生产活动的各种自然力量或作用的总和。

项目五　职业安全与职业健康

一、职业安全

随着科学技术的飞速发展，工业发展速度加快，重特大工业事故不断发生，已成为世界上最严重问题之一，特别是石油化工和核能的和平利用兴起以后，重特大安全生产事故给企业直至社会，带来的危害更大。

职业安全又名工业安全，是一种跨领域学科，横跨自然科学与社会科学，包括工业卫生、环境职业医学、公共卫生、安全工程学、人因工程学、毒理学、流行病学、工业关系(劳动研究)、公共政策、劳动社会学、疾病与健康社会学、组织心理学、工商心理学、科学、科技与社会、社会法及劳动法等领域的关注。

职业安全管理对于企业的生存和发展，起着举足轻重的作用；企业的从业人员成为最重要的生产要素和安全要素，也是影响企业经济增长、稳定和谐的重要源泉。科学的职业安全管理有助于企业确定竞争优势，能够把握重要发展机遇。

(一) 安全色与安全标志

安全色与安全标志就是用特定颜色和标志，形象而醒目地给人以提示、提醒、指示、警告或命令。对企业工作人员在生产过程中的不安全行为和不安全状态发出警示性信号，使风险因素在过程管理中得到控制、纠正，起到信息交流、反馈、宣传、教育和警示的作用，持续促进生产场所安全文明施工管理水平的提高。

我国于 1982 年颁布了《安全色》和《安全标志》两个标准。近年又做了部分修改，现已逐步完善规范。

1. 安全色与对比色

(1) 安全色

安全色就是用特定的颜色来表达“禁止”“警告”“指令”和“提示”等安全信息含义的颜色。我国采用红色、黄色、蓝色、绿色四种颜色来表示。其含义和用途如表 5-1 所示：

表 5-1　安全色的含义及用途

颜色	含义	用途举例
红色	禁止	禁止标志
	停止	停止信号：机器、车辆上的紧急停止手柄或按钮，以及禁止人们触动的部位
	其他	红色也表示防火
蓝色	指令必须遵守的规定	指令标志：如必须佩戴个人防护用具，道路上指引车辆和行人行驶方向的指令
黄色	警告	警告标志
		警戒标志：如厂内危险机器和坑池边周围的警戒线行车道中线
		机械上齿轮箱内部

续表

颜色	含义	用途举例
绿色	注意	安全帽
	提示	提示标志
	安全状态	车间内的安全通道
	通行	行人和车辆通行标志
	其他	消防设备和其他安全防护设备的位置

(2) 对比色

对比色是为了使安全色衬托得更醒目，规定用白色、黑色作为安全色的对比色。黄色对比色为黑色；红色、蓝色、绿色的对比色为白色。黄色与黑色对比色表示警告危险，如工矿企业内部的防护栏杆、铁路和公路交叉路口上的防护栏杆、起重机吊钩、平板拖车排障器、低管道等方面；红色与白色对比色表示禁止通过，如交通、公路上用的防护栏杆以及隔离墩；蓝色与白色对比色表示指标方向，如交通指向导向标。

2. 安全标志

安全标志是由安全色、几何图形和图形符号构成。其目的就是要引起人们对不安全因素的注意，预防发生事故。

国家标准的安全标志共分成四大类，即禁止、警告、指令和提示，并用四个不同的几何图形表示，见表 5-2。

表 5-2 安全标志说明

标志类型	含义	基本型式	图例
禁止标志	禁止人们不安全行为图形标志	带斜杠的圆边框	标志名称：禁止合闸 使用：设备或线路检修时，相应开关附近
警告标志	提醒人们对周围环境引起注意，以避免可能发生危险图形标志	正三角形边框	标志名称：当心腐蚀 使用：有腐蚀性物质的作业地点
指令标志	强制人们必须做某种动作或采取防范措施的图形标志	圆形边框	标志名称：必须戴防护眼镜 使用：对眼睛有损害的各种作业场所和施工场所

续表

标志类型	含义	基本型式	图例
提示标志	向人们提供某种信息图形标志	正方形边框	标志名称：避险处 使用：铁路桥、公路桥、矿井及隧道内躲避危险的地点

3．化工管道涂色

化工管道涂色与安全色的含义截然不同，不能称为安全色标。但在实际使用中，对方便操作、排除故障、处理事故都有重要的作用。在实际生活和生产中，为了能正确地识别某种物质，用不同的颜色分别表示一些较危险物质和危险物体。

草绿色表示液氯钢瓶，黄色表示液氨钢瓶，天蓝色表示氧气钢瓶、黑色表示氮气钢瓶等。化工设备上用红色表示高压蒸汽管，黄色表示氨气管，绿色表示水管，黑色表示排污管，蓝色表示氧气管，白色表示放空管等。

在化工生产中，根据设备管理要求和工艺要求，国家规定了设备管道的保温油漆规程。对涂色、注字、箭头等都有详细明确的规定。

电气设备根据要求也进行涂色，如开关的按钮，绿色（开），红色（关）。对四根相线进行涂色，表示相属。见表 5-3 所示。

表 5-3　电气设备相线与涂色

相线	涂色	相线	涂色
A 相母线	黄色	C 相母线	红色
B 相母线	绿色	D 地线	黑色

（二）防火防爆

火灾爆炸事故是化工生产中最为常见和后果特别严重的事故之一。防止火灾爆炸是化工安全生产的重要任务之一。为此，掌握防火防爆知识，可有效防止或减少火灾、爆炸事故的发生。

1．火灾和爆炸事故发生的主要特点

（1）严重性

火灾和爆炸过程通常会产生高热、生成有毒烟气，与此同时形成的高压冲击波还都会对周围的人和物及环境引起损失和伤亡，通常都比较严重。

（2）复杂性

发生火灾和爆炸事故的原因通常比较复杂。如物体形态、数量、浓度、温度、密度、沸点、着火能量、明火、电火花、化学反应热，物质的分解，自燃、热辐射、高温表面、撞击、摩擦、静电火花等因素都会对火灾和爆炸产生影响。

（3）突发性

火灾、爆炸事故的发生通常是人们意想不到的，特别是爆炸事故，很难知道在何时、何地会发生，通常在人们放松警惕，麻痹大意的时候发生，在工作疏漏的时候发生。

2. 火灾、爆炸事故发生的一般原因

火灾、爆炸事故发生的原因非常复杂，经大量的事故调查和分析，原因基本有以下五个方面：

（1）人为因素

由于操作人员缺乏业务知识；事故发生前思想麻痹、漫不经心、存在侥幸心理、不负责任、违章作业，事故发生时惊慌失措、不冷静处理，导致事故扩大。或有些人思想麻痹、违规设计、违规安装、存在侥幸心理、不负责任，埋下隐患。

（2）设备因素

由于设备陈旧、老化，设计、安装不规范，质量差以及安全附件缺损、失效等原因。

（3）物料因素

由于使用的危险化学物品性质、特性、危害性不一样，反应条件、结果和危险程度也不一样。

（4）环境因素

同样的生产工艺和条件，由于生产环境不同则结果有可能不一样。如厂房的通风、照明、噪声等环境条件的不同，都有可能产生不同的后果。

（5）管理因素

由于管理不善、有章不循或无章可循、违章作业等也是很重要的原因。

以上五个因素，也可归纳成人、设备、环境三个因素。管理因素可认为是人为因素，物料因素可认为是设备因素。

3. 物质的燃烧

（1）燃烧

燃烧俗称着火。凡物质发生强烈的氧化反应，同时发出光和热的现象称为燃烧；它具有发光、放热、生成新物质三个特征。

燃烧反应，三个特征一个都不能缺少，如果缺少其中一个条件均不能被称为燃烧反应。

（2）燃烧的条件

① 可燃物。凡能与空气和氧化剂起剧烈反应的物质称为可燃物。按形态，可燃物可分为固体可燃物、液体可燃物和气体可燃物三种。

② 助燃物。凡能帮助和维持燃烧的物质，均称为助燃物。通常燃烧过程中的助燃物主要是氧，此外，某些物质也可作为燃烧反应的助燃物，如氯、氟、氯酸钾等。

③ 着火源。凡能引起可燃物质燃烧的能源，统称为着火源。着火源主要有以下五种。

a. 明火。明火炉灶、柴火、煤气炉（灯）火、喷灯火、酒精炉火、香烟火、打火机火等开放性火焰。

b. 火花和电弧。火花包括电、气焊接和切割的火花，砂轮切割的火花，摩擦、撞击产生的火花，烟囱中飞出的火花，机动车辆排出火花，电气开、关、短路时产生的火花和电弧火花等。

c. 危险温度。一般指 80℃以上的温度，如电热炉，烙铁，熔融金属，热沥青，沙浴，油浴，蒸汽管裸露表面，白炽灯等。

d. 化学反应热。化合（特别是氧化）、分解、硝化和聚合等放热化学反应热量，生化作用产生的热量等。

e. 其他热量。辐射热，传导热，绝热压缩热等。

可燃物能否发生着火燃烧，又与着火源温度高低（热量大小）和可燃物的最低点火能量有关。

在某些情况下，虽然具备了燃烧的三个必要条件，但由于可燃物质的浓度不够、氧气不足或点火源的热量不大、温度不够，燃烧也不能发生。因此，要发生燃烧，还必须具备下列充分条件：一定的可燃浓度；一定的氧气或氧化剂含量；具有一定的着火热量；燃烧条件的相互作用。

(3) 燃烧的类型

燃烧类型可分为闪燃、着火、自燃、爆炸四种，每一种类型的燃烧都有其各自的特点。必须具体地分析每一类型的燃烧发生的特殊原理，才能有针对性地采取行之有效的防火防爆和灭火措施。

① 闪燃。可燃液体的蒸气（随着温度的升高，蒸发的蒸气越多）与空气混合（当温度还不高时，液面上只有少量的可燃蒸气与空气混合）遇着火源（明火）而发生一闪即灭的燃烧（即瞬间的燃烧，大约在5s以内）称为闪燃。可燃液体能发生闪燃的最低温度，称为该液体的闪点。可燃液体的闪点越低越容易着火，发生火灾、爆炸危险性就越大。有些固体（能升华）也会有闪燃现象，如石蜡、樟脑、萘等。

从消防角度来讲，“闪点”在防火工作的应用是十分重要的，它是评价液体火灾危险性大小的重要依据；“闪燃”是发生火警的先兆。闪点越低的液体，发生火灾危险性就越大。

a. 低闪点液体　　　　闪点＜－18℃的液体。

b. 中闪点液体　　　　－18℃≤闪点＜23℃的液体。

c. 高闪点液体　　　　23℃≤闪点≤61℃的液体。

根据可燃液体的闪点，将液体火灾危险性分为甲、乙、丙三类。

甲类：闪点在28℃以下的液体。

乙类：闪点在28～60℃以内的液体。

丙类：闪点在60℃以上的液体。

闪点高低与饱和蒸气压及温度有关，饱和蒸气压越大、闪点越低；温度越高则饱和蒸气压越大、闪点就越低。故同一可燃液体的温度越高，则闪点就越低，当温度高于该可燃液体闪点时，如果遇点火源时，就随时有被点燃的危险。

② 着火。可燃物质（在有足够助燃物情况下）与火源接触而能引起持续燃烧的现象（即火源移开后仍能继续燃烧）称为着火。使可燃物质发生持续燃烧的最低温度称为燃点或称为着火点。燃点越低的物质，越容易着火。

③ 自燃。可燃物质在无明火作用下而自行着火的最低温度，称为自燃点。自燃点越低的物质，发生火灾的危险性就越大。

自燃因能量（热量）来源不同可分为受热自燃和本身自燃（自热燃烧）两种。可热物质受外界加热，温度上升至自燃点而能自行着火燃烧的现象，称为受热自燃。可燃物质在没有外来热源作用下，由于本身的化学反应、物理或生物的作用而产生热量，使物质逐渐升高至自燃点而发生自行燃烧的现象。

在化工生产中，可燃物质靠近蒸汽管、油浴管等高温烘烤过度，一旦可燃物质温度达到自燃点以上时，在有足够氧气条件下，没有明火作用就会发生燃烧；可燃物质在密闭容器中加热过程中温度高于自燃点以上时，一旦漏出或空气漏入，没有明火作用也会发生燃烧。

④ 爆炸。物质由一种状态迅速地转变成另一种状态，并在瞬间以机械功的形式放出大量能量的现象。爆炸可分为物理性爆炸、化学性爆炸和核爆炸三类。化学性爆炸按爆炸时所发生的化学变化又可分为简单分解爆炸（如乙炔铜、三氯化氮等不稳定结构的化合物）、复杂分解爆炸（如各种炸药）和爆炸性混合物爆炸三种。化工企业发生爆炸，绝大部分是混合物爆炸。

（1）爆炸性混合物

可燃气体、蒸气、薄雾、粉尘或纤维状物质与空气混合后达到一定浓度，遇着火源能发生爆炸，这样的混合物称为爆炸性混合物。

可燃性气体、易燃液体蒸气或粉尘等与空气组成的混合物并不是在任何浓度下都会发生爆炸和燃烧，而必须在一定的浓度范围内，遇着火源，才会发生爆炸。

（2）爆炸极限

可燃气体、蒸气或粉尘（含纤维状物质）与空气混合后，达到一定的浓度，遇着火源即能发生爆炸，这种能够发生爆炸的浓度范围，称为爆炸极限。能够发生爆炸的最低浓度称为该气体、蒸气或粉尘的爆炸下限。同样，能够发生爆炸的最高浓度，称为爆炸上限。表5-4是部分物质的爆炸极限。

表5-4 常见几种物质的爆炸极限

物质	爆炸极限/%	物质	爆炸极限/%	物质	爆炸极限/%
松节油	0.8～62	二甲苯	1.1～7	乙醚	1.85～36.5
煤油	1.4～7.5	甲苯	1.2～7	汽油	1.3～6
乙炔	2.5～82	丙烷	2.37～9.5	丙烯	2～11.1
甲烷	5.3～14	乙烯	5.3～14	丙酮	2.5～13
氢	4.1～74.2	乙醇	3.5～19	甲醇	6.7～36
氨	15.7～27.4	甲醛	3.97～57	氯苯	1.7～11
吡啶	1.7～12.4	氨气	15.7～27.4		

从表5-4看出各种可燃物质与空气混合后的爆炸极限浓度都是不一样的，有的浓度范围小，有的浓度范围宽，有的浓度范围下限低，有的上限较高。只有当某种物质的混合物浓度在爆炸极限范围内才会发生爆炸；混合物浓度低于爆炸下限时，因含有过量空气，由于空气的冷却作用阻止了火焰的传播，所以不燃也不爆；同样，当混合物浓度高于爆炸上限时，由于空气量不足，火焰也不能传播，所以只会燃烧而不爆。

气体混合物的爆炸极限一般用可燃气体或蒸气在混合物中的体积分数来表示的（%）。可燃粉尘爆炸极限，通常以每立方米混合气体中含有的克数来表示（g/m^3）。

4. 防火防爆基本措施

防火防爆基本措施的着眼点应放在限制和消除燃烧爆炸危险物、助燃物、着火源三者的相互作用上，防止燃烧三个条件（燃烧三要素）同时出现在一起。主要措施有着火源控制与消除，工艺、设备的安全控制和限制火灾蔓延等。

（1）着火源控制与消除措施

在化工生产过程中存在较多的着火源，如明火、火花和电弧、危险温度（>80℃）、化学反应热、生物化学热、物理作用热、摩擦撞击火花、静电放电火花等。因此，控制和消除这些着火源对防止火灾、爆炸事故的发生是十分重要的。一般应采取以下几种措施。

① 严格明火管理措施。在化工生产中，火灾爆炸事故的发生绝大部分都是由明火引起的，所以严格明火管理，对防火防爆工作非常重要。

② 避免摩擦、撞击产生火花和危险温度措施。轴承转动摩擦、铁器撞击、工具使用过程打击都有可能产生火花和危险温度，对易燃易爆的生产岗位，应做好防范措施。

③ 消除电气火花和危险温度措施。电气火花和危险温度是引起火灾爆炸仅次于明火的第二位原因，因此要根据爆炸和火灾危险等级和爆炸、火灾危险物质的性质，按照国家有关规定进行设计、安装。对车间内的电气动力设备、仪器、仪表、照明装置和电气线路等，分别采用防爆、封闭、隔离等措施。以防止电气火花和危险温度。

④ 导除静电措施。静电对化工生产的危险性很大，但往往很容易被人们忽视。由于静电产生火花而造成重大的火灾、爆炸事故教训较多。因此，在化工企业从厂房设计、工艺设计、建设安装等方面就应充分考虑导除静电的措施，如全厂地下接地网络设计、防雷、避雷设计，在易燃易爆车间，对工艺管线、设备等均要进行有效的接地，对一些电阻率高的易燃液体在运输、输送、罐装、搅拌中应设法导除静电，勿使静电积聚。对一些特别易燃易爆的岗位还应禁止穿易产生静电的化纤人造面料的服装。

⑤ 防止雷电火花措施。防雷保护工作必须在规划设计时就应全盘考虑，地下接地网络可靠、完善，企业必须按国家规定进行设计、施工、安装、检查、维护。特别是每到雷雨季节时期，必须认真检查，发现问题立即整改，确保防雷设施安全可靠。

（2）工艺、设备的安全控制措施

在化工中各工艺过程和生产装置，由于受内部和外界各种因素的影响，可能产生一系列的不稳定和不安全因素，从而导致事故发生。

① 采用安全合理的工艺过程措施。制定科学、合理、严密的安全操作规程和工艺操作规程；在生产中尽可能用危险性小的物质代替危险性大的物质；系统密闭或负压操作；生产过程的连续化和自动化控制；惰性介质保护；通风。

② 安全保护装置措施。根据工艺过程的危险性和安全要求，可分别选用符合规定要求的安全装置，如阻火装置（安全液封、阻火器和单向阀）、防爆泄压设施［安全阀、爆破膜（片）、防爆门和放空管等］、消防设施（如各种灭火剂水、水蒸气、泡沫液、二氧化碳、氮气、干粉和其他灭火设施）等。安全保护装置，效果好且安全可靠，应尽量安装使用。

（3）限制火灾蔓延的措施

防火防爆的另一个主要措施就是限制火灾蔓延措施。就是要求厂房、仓库、储罐库等的建筑必须达到一定的耐火等级、防火安全间距、防火分割等设计要求。

（三）火灾扑救

1. 火灾及火灾分类

（1）火灾

燃烧俗称着火。但燃烧不一定是火灾，它们是有区别的。火灾是指违背人们的意志，在时间和空间上失去控制的燃烧而造成的灾害。

（2）火灾的分类

火灾可以从不同角度进行分类，按燃烧对象可分为建筑火灾、交通运输火灾、森林火灾、草原火灾等。依据《火灾分类》（GB/T 4968—2008）根据可燃物的类型和燃烧特性将火灾定义为六个不同的类别。

A类火灾：固体物质火灾，这种物质通常具有有机物性质，一般在燃烧时能产生灼热的余烬。

B类火灾：液体或可熔化的固体物质火灾。

C类火灾：气体火灾。

D类火灾：金属火灾。

E类火灾：带电火灾，物体带电燃烧的火灾。

F类火灾：烹饪器具内的烹饪物（如动植物油脂）火灾。

2. 灭火的基本方法

根据燃烧三要素和燃烧充分条件，灭火的基本方法有四种，即隔离法、冷却法、窒息法和化学反应中断法。在灭火中，可以根据火场实际情况，灵活运用不同的灭火方法或同时运用几种方法去扑救。在扑救火灾中，有时是通过使用不同的灭火剂来实现的。灭火剂是能够有效地破坏燃烧条件，中止燃烧的物质。不同类型的火灾，应选用不同的灭火剂。因此，不仅要掌握各种灭火方法，而且还要了解各种灭火剂的性质、灭火原理及其适用范围。

（1）隔离法灭火

隔离法即隔离与火源相近的可燃物质，是将火源与火源附近的可燃物隔开，中断可燃物质的供给，使火势不能蔓延。这样，少量的可燃物烧完后，或同时使用其他灭火方法，使燃烧很快停止而熄灭。这是一种比较常用的方法，适用于扑救各种固体、液体和气体火灾。采用隔离法灭火的具体措施如下。

① 迅速转移火源附近的可燃、易燃、易爆、助燃（氧化性物品）物品（在搬运转移时要注意抢救人员的安全）。

② 封闭、堵塞建筑物上的洞孔或通道，改变火灾蔓延途径。

③ 围堵、阻拦燃烧着的流淌液体（如防火墙）。

④ 拆除与火源毗连的建筑物。形成阻止火势蔓延的空间地带，在拆除时要注意抢救人员的安全。

（2）冷却法灭火

冷却法即降低燃烧物质的温度，是用水等灭火剂喷射到燃烧着的物质上，降低燃烧物的温度，降低可燃物质的浓度。当温度降到该物质的燃点以下时，火就会熄灭。

冷却法灭火的灭火剂主要是水，固体二氧化碳、液体二氧化碳和泡沫灭火剂也有冷却作用。

（3）窒息法灭火

窒息法灭火即减少空气的氧含量，是用不燃或难燃的物质，覆盖、包围燃烧物，阻碍空气与燃烧物质接触，使燃烧因缺少助燃物质而停止燃烧。

用窒息法灭火的具体措施如下。

① 用不燃或难燃的物质，如黄沙、干土、石粉、石棉布、毯、湿麻袋、湿布等直接覆盖在燃烧物的表面上，隔绝空气，使燃烧窒息而停止。

② 将不燃性气体或水蒸气灌入燃烧的容器内，稀释空气中的氧，使燃烧因窒息而停止。

③ 封闭正在燃烧的建筑物、容器或船舱的孔洞，使内部氧气在燃烧中消耗后，不能补充新鲜空气而窒息熄灭。

④ 在敞开的情况下，隔绝空气主要是使用泡沫、二氧化碳、水蒸气等。

（4）化学反应中断法灭火

化学反应中断法又称抑制法，即消除燃烧过程中的游离基，是将抑制剂掺入到燃烧区域中。以抑制燃烧连锁反应进行，使燃烧中断而灭火。用于化学反应中断法的灭火剂，有干粉和卤代烷烃等。

3. 常用灭火器

灭火器是一种用于扑灭初起火灾的轻便灭火工具。目前常用的灭火器有酸碱、泡沫系列、二氧化碳、干粉和卤代烷烃系列等五种类型灭火器（卤代烷烃系列灭火器将逐步淘汰）。

（1）酸碱灭火器

酸碱灭火器由筒身、瓶胆、筒盖、提环等组成，筒身内悬挂着用瓶夹固定的瓶胆，瓶胆内装浓硫酸，瓶胆口用铅塞封住瓶口，以防浓硫酸吸水稀释或与瓶胆外碱性药液混合，筒内装有碳酸氢钠水溶液。使用时要将筒身颠倒，使两溶液混合，产生大量二氧化碳气体而产生压力，使筒内中和了的混合液从喷嘴向外喷出。冷却燃烧物，降低温度致火焰熄灭。

（2）泡沫灭火器

泡沫灭火器的构造和外形与酸碱灭火器基本相同，不同之处是瓶胆比较长。瓶胆内装硫酸铝水溶液，筒内装碳酸氢钠与泡沫稳定剂的混合液。当筒身颠倒时，两种药剂混合后产生二氧化碳，压迫浓泡沫从喷嘴中喷出。使用方法和注意事项与酸碱灭火器大致相同。灭火时，泡沫流淌并盖住燃烧物表面，达到隔绝空气，起窒息作用，停止燃烧。泡沫灭火器适用于扑救油脂类、石油产品以及一般固体物质的初起火灾。

（3）二氧化碳灭火器

二氧化碳灭火器由筒身（钢瓶）、启闭阀和喷管组成，筒内装液体二氧化碳。使用时先将铅封去掉，一手提着提把，另一只手提起喷筒，再将手轮按逆时针方向旋转开启，由于压力下降，液体二氧化碳迅速气化，高压气体即会自行喷出。灭火时，人要站在上风向，将喷管对准火焰根部扫射即可。使用时要千万注意防止握喷管的手被冻伤。二氧化碳灭火器主要扑救贵重设备、档案资料、仪器仪表、600V以下电器设备、易燃液体、油脂等火灾。

（4）干粉灭火器

干粉灭火器由筒身（钢瓶）、气阀控制部分、压力表、提手把、压把、保险销、喷管等组成。筒体内充装干粉灭火剂和干燥的高压二氧化碳或氮气，灭火时只要提起灭火器，观察压力表指针在绿区以内，拨出保险稍，用手掌压压把，气阀内顶针立刻刺穿密封膜，筒体内高压气体推动干粉从筒底中心管口由下而上从喷管口喷射到火焰根部，由近至远将火扑灭。干粉灭火器适用扑救石油类产品、可燃气体、电器设备的初起火灾。碳酸氢钠干粉灭火器不宜扑救固体可燃物，灭火后易死灰复燃，一定要注意。

（5）卤代烷烃灭火器即“1211”和“1301”灭火器

“1211”和“1301”灭火器与干粉灭火器结构外形一样，只不过筒体内装着液化卤代烷烃气体，筒内也没有中心管。灭火时只要提起灭火器，观察压力表指针在绿区以内，拔出保险销，用手掌压压把，气阀即被打开，筒体内液化卤代烷烃气体因压力下降而迅速气化从气阀口处泄出，由喷管口喷射到火焰根部，由近至远将火扑灭。将火扑灭后，剩余药剂仍能继续使用（观察有无压力）。

4. 小型灭火器的设置和维护

灭火器的配置应根据现场火灾危险性大小、物质的性质、可燃物数量、易燃物数量、占地面积以及固定灭火设施对扑救初起火灾的可能性等因素综合考虑。选择适当的通用性强的灭火器。

灭火器要布置在明显的和便于取用（离地0.8m左右）的地方，现场要干燥通风。尽可能不要受潮和日晒，平时经常检查，灭火器要贴有充装日期和失效日期，过期及时更换，使灭火器始终处于良好状态。

(四) 危险化学品安全

1. 危险化学品的定义

危险化学品是指具有毒害、腐蚀、爆炸、燃烧、助燃等性质，对人体、设施、环境具有危害的剧毒化学品和其他化学品。

2. 危险化学品的分类和性质

我国对危险化学物品的分类，主要是根据危险化学物品的危险特性，并考虑生产、储存、运输、使用的安全管理的要求而确定的。危险化学品的分类是根据GB 13690—2009《化学品分类和危险性公示通则》和GB 6944—2012《危险货物分类和品名编号》，分为：爆炸品，气体，易燃液体，易燃固体、易于自燃的物质、遇水放出易燃气体的物质，氧化性物质和有机过氧化物，毒性物质和感染性物质，放射性物质，腐蚀性物质，杂项危险物质和物品共九类。

3. 危险化学品扑救须知

对于危险化学品的扑救，除了参照火灾扑救基本知识外，还应注意如下几点。

(1) 禁止砂土覆盖的物品

爆炸物品一旦着火，一般来讲，只要不堆积过高，不装在密封容器内，散装不一定会形成爆炸。可以用密集的水流或喷雾水枪扑救。切忌用砂土覆盖，阻碍气体扩散，加速爆炸反应，增大爆炸威力。

(2) 禁止用水（包括含水的泡沫灭火）的物品

① 遇水燃烧物品火灾，不能用水和含水的泡沫灭火，因为遇水燃烧物品的化学性质活泼，能置换水中的氢，产生可燃气体，同时放出热量。如金属钾、金属钠遇水后，能置换水中的氢，产生的热量达到氢的燃点。

② 氧化剂中的过氧化物与水反应，能放出氧加速燃烧。如过氧化钠、过氧化钾等。起火后不能用水扑救，要用干砂土、干粉扑救。

③ 硫酸、硝酸等酸类腐蚀物品，遇加压密集水流，会立即沸腾起来，使酸液四处飞溅。所以，发烟硫酸、氯磺酸、浓硝酸等发生火灾后，宜用雾状水、干砂土、二氧化碳灭火剂扑救。

④ 有的化学危险物品遇水能产生有毒或腐蚀性的气体，如甲基二氯硅烷、三氧甲基硅烷、磷化锌、氯化硫等遇水后，能和水中的氢生成有毒或有腐蚀性的气体。

⑤ 粉状物品如硫黄粉，有机颜料、粉剂农药等起火，不能用加压水冲击，以防粉末飞扬，扩大事故。可用雾状水。

⑥ 相对密度小于1，且不溶水的易燃液体有机氧化剂发生火灾，不能用水扑救。因水会沉在液体下面，可能形成喷溅、漂流而扩大火灾。

上述物品的火灾，宜用泡沫、干粉、二氧化碳、“1211”等扑救。

(3) 禁用泡沫灭火的物品

一部分毒害品中的氰化物，如氰化钠、氰化钾心脏其他氰化物等，遇泡沫中酸性物质能生成剧毒气体氰化氢。因此，不能用化学泡沫灭火，可用水及砂土扑救。

(4) 禁止使用二氧化碳灭火的物品

遇水燃烧物品中锂、钠、钾、铯、锶、镁、铝粉等，因为它们的金属性质十分活泼，能夺取二氧化碳中的氧，起化学反应而燃烧。这类物品起火后，目前只通用于砂土扑救，也可以用“1211”扑救。

易燃固体中闪光粉、镁粉、铝粉、铝、镍合金氢化催化剂等，也不能用二氧化碳灭火。

另外，要禁止站在下风方向和不佩戴氧气呼吸器或空气呼吸器等防毒面具，扑救无机毒品中的氰化物、磷、砷、硒的化合物及大部分有机毒品火灾。

（五）用电安全

电给人类带来光明，造福人类，如果用电不当，电会给人类造成人身伤害和其他的危害。因此，在用电的过程中，必须重视电气安全问题，每个人都应了解一些安全用电的知识。

1. 电流对人体的伤害

触电一般是指人体触及带电体。由于人体是导电体，人体触及带电体，电流会对人体造成伤害。电流对人体有两种类型的伤害，即电击和电伤。

（1）电击

电击指电流通过人体造成人体内部伤害。电流对呼吸、心脏及神经系统的伤害，使人出现痉挛、呼吸窒息、心颤、心跳骤停等症状，严重时会致人死亡。

按照人体触及带电体的方式和电流通人体的途径，触电可以分为以下三种形式。

① 单相触电指人们在地面或其他导体上，人体某一部位触及一相带电体的触电事故。绝大多数触电事故都是单相触电事故，一般都是由于开关、灯头、导线及电动机有缺陷而造成的。

② 两相触电指人体两处同时触及两相带电体的触电事故。这种触电的危险性比较大，因为其加于人体的电压比较大。

③ 跨步电压触电指当带电体接地短路、电流流入地下时，会在带电体接地点周围的地面上形成一定的电场（即产生电后降）。此电场的电位分布是不均匀的，它是以接地点为圆心逐渐向外降低。如果人的双脚分开站立，就会承受到地面上不同点之间的电位差（即两脚接触不同的电压），此电位差就是跨步电压。跨步距离越大，则跨步电压越高。由此引起的触电事故称跨步电压触电。

（2）电伤

电伤是指电流的热效应、化学效应、机械效应作用对人体造成的局部伤害，它可以是电流通过人体直接引起的，也可以是电弧或电火花引起的。包括电弧烧伤、烫伤、电烙印、皮肤金属化、电气机械性伤害、电光眼等不同形式的伤害（电工高空作业不小心跌下造成的骨折或跌伤也算作电伤），其临床表现为头晕、心跳加剧、出冷汗或恶心、呕吐，此外皮肤烧伤处疼痛。

2. 电流对人体的有害作用

电流通过人体，会引起针刺感、压迫感、打击感、痉挛、疼痛乃至血压升高、昏迷、心律不齐、心室颤动等症状。

电流通过人体内部，对人体伤害的严重程度与通过人体电流的大小有关，与电流通过人体的持续时间长短有关，与电流通过人体的途径有关（通过心脏、中枢神经系统、脑危害最大），与电流的种类有关（直流、交流、电流频率大小，50Hz 频率最危险），与人体的状况有关等多种因素（女比男，不健康比健康，流汗比不流汗，小孩比大人等易触电）有关，而且各因素之间，特别是电流大小与通电时间之间有着十分密切的关系。

3. 防止触电事故的措施

（1）防止触电事故的技术措施

防止触电事故，除了思想上提高对用电安全的认识，树立安全第一、精心操作的思想，以及采取必要的组织措施外，还必须依靠一些完善的技术措施，其技措施一般有以下几方面。

① 绝缘、屏护、障碍、间隔。

绝缘：用绝缘的方法来防止触及带电体。

屏护：用屏障或围栏防止触及带电体。屏障或围栏除能防止无意触及带电体外，还可以使人意识到超越屏障或围栏会有危险而不会有意识触及带电体。起到警告、禁止的作用。

障碍：设置障碍以防止无意触及带电体或接近带电体，但不能防止有意绕过障碍去触及带电体。

间隔：保持间隔以防止无意触及带电体。

② 漏电保护装置。漏电保护装置的作用主要是当设备漏电时，可以断开电源，防止由于漏电引起触电事故。

③ 安全电压。我国安全电压采用交流额定值 42V、36V、24V、12V、6V 五个电压值。进入金属容器或特别潮湿场所要使用 12V 以下电压照明。

④ 保护接地和接零。保护接地和保护接零是防止人体接触带电金属外壳引起触电事故的基本有效措施。

a. 保护接零。将电气设备在正常情况下不带电的金属外壳与变压器中性点引出的工作零线或保护零线相连接，这种方式称为保护接零。当某相带电部分碰触电气设备的金属外壳时，通过设备外壳形成该相线对零线的单相短路回路，该短路电流较大，足以保证在最短的时间内使熔丝熔断、保护装置或自动开关跳闸，从而切断电流，保障了人身安全。

b. 保护接地。保护接地是指将电气设备平时不带电的金属外壳用专门设置的接地装置实行良好的金属性连接。保护接地的作用是当设备金属外壳意外带电时，将其对地电压限制在规定的安全范围内，消除或减小触电的危险。保护接地最常用于低压不接地配电网中的电气设备。

（2）车间常用电器设备的安全要求

① 电动机、开关电器、保护电器。防爆区必须使用防爆电机和开关电器并且负荷必须匹配，严禁超负荷使用，严禁超温（<80℃），严禁二相运行；发现保护电器动作，应找出原因后再用容量相符的熔丝换上（严禁以大代小）。

② 照明装置。防爆区必须使用防爆型照明装置，电线必须穿管并接地，螺口灯头的螺纹应接到中性线上，特殊照明应用 36V 照明，防爆区照明灯泡要求在 60W 以下，白炽灯泡不得接近易燃物、可燃物。

（3）移动电具的安全使用

移动电具种类很多，如手电钻、手电砂轮、电风扇、电切割机、行灯、电焊机、电烙铁、电炉、电吹风、电剪刀、电刨等均属移动电具。必须妥善保管，经常检查、正确使用，确保安全使用。

（4）用电安全注意事项

① 不准玩弄电气设备和开关；

② 不准非电工拆装、修理电气设备和用具；

③ 不准私拉乱接电气设备；

④ 不准使用绝缘损坏的电气设备；

⑤ 不准使用电热设备和灯泡取暖；

⑥ 不准用容量不符的熔断丝替代；

⑦ 不准擅自移动电气安全标志、围栏等安全设施；

⑧ 不准使用检修中的机器的电气设备；

⑨ 不准用水冲洗或用湿毛巾洗擦电气设备；

⑩ 不准乱动土挖土，以防损坏地下电缆。

4. 化工静电安全

静电现象是一种常见的带电现象。在日常生活中，会经常发现和感受到。静电常用在除尘、喷漆、植绒、选矿和复印等方面。在化工生产中，由于物料的输送、搅拌、流动、冲刷、喷射等都会产生和积聚静电，严重威胁生产的安全。静电电量虽然不大，但电压很高，容易发生火花放电，从而引起火灾、爆炸或电击等事故。为此，必须重视静电的安全，懂得一些静电的知识。

（1）静电的危害

① 爆炸和火灾。爆炸和火灾是静电危害中最为严重的事故。

在有可燃液体作业场所（如油料装运等），可能因静电火花放出的能量超过爆炸性混合物的最小引燃能量值，引起爆炸和火灾；在有可燃气体或蒸气、爆炸性混合物或粉尘、纤维爆炸性混合物（如氧、乙炔、煤粉、面粉等）的场所如果浓度已达到混合物爆炸的极限，可能因静电火花引起爆炸及火灾。

静电造成爆炸或火灾事故情况在石油、化工、橡胶、造纸印刷、粉末加工等行业中较为严重。

② 静电电击。静电电击可能发生在人体接近带电物体时，也可发生在带静电的人体接近接地导体或其他导体时。电击的伤害程度与静电能量的大小有关，它所导致的电击，不会达到致命的程度，但是因电击的冲击能使人失去平衡，发生坠落、摔伤、造成二次伤害。

③ 妨碍生产。生产过程中如不清除静电，往往会妨碍生产或降低产品质量。静电对生产的危害有静电力学现象和静电放电现象两个方面。因静电力学现象而产生的故障有：筛孔堵塞、纺织纱线纠结、印刷品的字迹深浅不均等。因静电放电现象产生的故障有：放电电流导致半导体元件及电子元件损毁或误动作，导致照相胶片感光而报废等。

（2）静电危害的防护

清除静电危害的方法有：加速工艺过程中的泄漏或中和；限制静电的积累使其不超过安全限度；控制工艺流程，限制静电的产生，使其不超过安全值等。

① 泄漏法。这种方法是采取接地、增湿、加入抗静电添加剂等措施，使已产生的静电电荷泄漏、消散、避免静电的积累。

a. 接地。接地是消除静电危害最简单、最常用的方法。静电接地的连接线应能保证足够的机械强度和稳定性，连接牢固可靠，不得有任何中断之处。静电的接地电阻要求不高，1000Ω 即可。

b. 增湿。增湿即增加现场的相对湿度。随着湿度的增加绝缘体表面上结成薄薄的水膜能使其表面电阻大为降低，从而加速静电的泄漏。还可以通过安装空调设备、加湿喷雾器来增加湿度。增湿应根据生产具体情况而定，从消除静电危害角度考虑，保持相对湿度在70％以上较为合适。

c. 加抗静电添加剂。抗静电添加剂是具有良好吸湿性或导电性，能加速静电的泄漏，消除静电的危害。

② 中合法。这种方法是采用静电中和器或其他方式产生原有静电极性相反的电荷，使已产生的静电得到中和而消除，避免静电积累。

③ 工艺控制法。这种方法是在材料选择工艺设计，设备结构等方面采取措施，控制静电的产生，使其不超过危险程度。

（六）现场急救知识

1. 中毒现场抢救

① 救护者应做好个人防护，带好防毒面具，穿好防护衣。

② 切断毒物来源，关闭地漏管道阀门，堵加盲板。

③ 采取有效措施防止毒物继续侵入人体，应尽快将中毒人员脱离现场，移至新鲜空气处，松解患者颈、胸部纽扣和腰带，以保持呼吸畅通，同时要注意保暖和保持安静，严密注意患者神志，呼吸状态和循环状态等。

④ 尽快制止工业毒物继续进入体内，并设法排除已注入人体内的毒物，消除和中和进入体内的毒物作用。

⑤ 迅速脱去被污染的衣服、鞋袜、手套等，立即彻底清洗被污染的皮肤，冲洗时间要求15～30min，如毒物系水溶性，现场无中和剂，可用大量水冲洗，遇水能反应的则先用干布或其他能吸收液体的东西抹去沾染物，再用水冲洗，对黏稠的毒物（如有机磷农药）可用大量肥皂水冲洗，尤其注意皮肤皱褶，毛发和指甲内的污染，较大面积冲洗，要注意防止着凉、感冒。

⑥ 毒物经口引起人体急性中毒，可用催吐和洗胃法。

⑦ 促进生命器官功能恢复，可用人工呼吸法，胸外按压法。

2. 触电救护知识

（1）临床表现

全身情况：神志清楚，机体抽搐麻木，有电灼伤；神志不清楚，休克状态，心律失常，假死；局部情况，电弧灼、焦化、碳化。

（2）紧急处置

迅速拉开电源，使触电者迅速脱离触电状态。

（3）就地抢救

轻微触电者：神志清楚，触电部位感到疼痛、麻木、抽搐，应使触电者应地安静、舒适地躺下来，并注意观察。

中度触电者：有知觉且呼吸和心脏跳动还正常，瞳孔不放光，对光反应存在，血压无明显变化，此时，应使触电者平卧，四周不要围人，使空气流通，衣服解开，以利呼吸。

重度触电者：触电者有假死现象。呼吸时快时慢，长短不一，深度不等，贴心听不到心音，用手摸不到脉搏，证明心脏停止跳动，此时应马上不停地进行人工呼吸及胸外人工挤压，抢救工作不能间断，动作应准确无误。

（4）触电急救法

可采用人工呼吸与心脏按压方法。人工呼吸与心脏按压的操作方法如下。

① 准备工作。现场人员将伤者移至上风阴凉处呈仰卧状；在离伤者鼻孔的5mm处，用指腹检查是否有呼吸，同时轻按伤者颈部，观察是否有搏动；现场人员可脱下上装叠好，置

于伤者颈部，将颈部垫高，让呼吸道保持畅通；检查并清除伤者口腔中异物。若伤者带有假牙，则必须将假牙取出，防止阻塞呼吸道。

② 人工呼吸法。将手帕置于伤者口唇上，施救者先深吸一口气；一手捏住伤者鼻孔，以防漏气，另一手托起伤者下颌，嘴唇封住伤者张开的嘴巴，用口将气经口腔吹入伤者肺部；松开捏鼻子的手使伤者将呼出。注意此时施救者人员，必须将头转向一侧，防止伤者呼出的废气造成再伤害。

救护换气时，放松触电者的嘴和鼻，让其自动呼吸，此时触电者有轻微自然呼吸时，人工呼吸与其规律保持一致。当自然呼吸有好转时，人工呼吸可停止，并观察触电者呼吸有无复原或呼吸梗阻现象。人工呼吸每分钟大约进行 14～16 次，连续不断地进行，直至恢复自然呼吸为止，做人工呼吸同时，要为伤者施行心脏按压。

③ 心脏按压方法。按压部位为胸部骨中心下半段，即心窝稍高，两乳头略低，胸骨下三分之一处；救护人两臂关节伸直，将一只手掌根部置于按压部分，另一只手压在该手背上，五指翘起，以免损伤肋骨，采用冲击式向脊椎方向压迫，使胸部下陷 3～4cm，成人 5 分钟做 60～80 次按压后，随即放松；操作对心脏每按压 4 次，进行一次口对口人工呼吸；一人操作时，则比例为十五比二，当观察到伤者颈动脉开始搏动，就要停止按压，但应继续做口对口人工呼吸。在施救过程中，要注意检查和观察伤者的呼吸与颈动脉搏动情况。一旦伤者心脏复苏，立即转送医院做进一步的治疗。

3. 烧伤救护知识

(1) 热力烧伤

包括火、开水、蒸汽、电弧灼伤等。

(2) 对人体的危害

皮肤或皮下组织烧坏，严重时导致死亡。

(3) 化学灼伤分类

浅一度（红斑）；浅二度（水泡型）；深二度；真皮深层；深三度（焦痂性）。

(4) 烧伤的急救

① 迅速移去热力对身体的伤害，采取用水冷却表面的方法。若是化学烧伤，应立即脱去被污染的衣服，立即用大量清水冲洗，时间一般为 20～30min；

② 湿纱布包好创面；

③ 烧伤严重，可采取人工呼吸和心脏复苏法；

④ 注意：烧伤病人应尽量不喝水或喝少许盐水，注意创面保护。

4. 创伤急救知识

(1) 人员自保

若作业人员从高空坠落的紧急时刻，应立即将头前倾，下颌紧贴胸骨，这一姿势应保持到身体被悬托为止。

坠落时，应尽可能地去抓附近可能被抓住的物体，当被抓的某一物体松脱时，应迅速抓住另一物体，以减缓下坠速度。

凡有可能撞到构筑物和坠地时，坠落者应紧急弯脚曲腿以缓和撞击。

(2) 急救措施

① 创伤急救原则上是先抢救，后固定，再搬运，并注意采取措施，防止伤情加重或污染。需要送医院救治的，应立即做好保护伤员措施后送医院救治。

② 抢救前先使伤员安静躺平，判断全身情况和受伤程度，如有无出血、骨折和休克等。

③ 外部出血立即采取止血措施，防止失血过多而休克。外观无伤，但呈休克状态，神志不清或昏迷者，要考虑胸腹部内脏或脑部受伤的可能性。

④ 为防止伤口感染，应用清洁布片覆盖。救护人员不得用手直接接触伤口，更不得在伤口内填塞任何东西或随便用药。

⑤ 搬运时应使伤员平躺在担架上，腰部束在担架上，防止跌下。平地搬运时伤员头部在后，上楼、下楼、下坡时头部在上，搬运中应严密观察伤员，防止伤情突变。

（3）止血

① 伤口渗血。用较伤口稍大的消毒纱布数层覆盖伤口，然后进行包扎。若包扎后仍有较多渗血，可再加绷带适当加压止血。

② 伤口出血呈喷射状或鲜红血液涌出时，立即用清洁手指压迫出血点上方（近心端），使血流中断，将出血肢体抬高或举高，以减少出血量。

③ 用止血带或弹性较好的布带等止血时，应先用柔软布片或伤员的衣袖等数层垫在止血带下面，再扎紧止血带以刚使肢端动脉搏动消失为度。上肢每 60min，下肢每 80min 放松一次，每次放松 1～2min。开始扎紧与每次放松的时间均应书面标明在止血带旁。扎紧时间不宜超过 4h。不要在上臂中 1/3 处和肢窝下使用止血带，以免损伤神经。若放松时观察已无大出血可暂停使用。

注：严禁用电线、铁丝、细绳等作止血带使用。

④高处坠落、撞击、挤压可能有胸腹内脏破裂出血。受伤者外观无出血但常表现面色苍白，脉搏细弱，气促，冷汗淋漓，四肢厥冷，烦躁不安，甚至神志不清等休克状态，应迅速躺平，抬高下肢，保持温暖，速送医院救治。若送院途中时间较长，可给伤员饮用少量糖盐水。

5. 骨折急救知识

① 肢体骨折可用夹板或木棍、竹竿等将断骨上、下两个关节固定，也可利用伤员身体进行固定，避免骨折部位移动，以减少疼痛，防止伤势恶化。

② 开放性骨折，伴有大出血者，先止血，再固定，并用干净布片覆盖伤口，然后速送医院救治。切勿将外露的断骨推回伤口内。

③ 疑有颈椎损伤，在使伤员平卧后，用沙土袋（或其他代替物）放置头部两侧。

④ 使颈部固定不动。必须进行口对口呼吸时，只能采用抬头使气道通畅，不能再将头部后仰移动或转动头部，以免引起截瘫或死亡。

⑤ 腰椎骨折应将伤员平卧在平硬木板上，将躯干及两侧下肢一同进行固定预防瘫痪。搬动时应数人合作，保持平稳，不能扭曲。

6. 颅脑外伤急救知识

应使伤员采取平卧位，保持气道通畅，若有呕吐，应扶好头部和身体，使头部和身体同时侧转，防止呕吐物造成窒息。

耳鼻有液体流出时，不要用棉花堵塞，可轻轻拭去，以利降低颅内压力。也不可用力擤鼻，排除鼻内液体，或将液体再吸入鼻内。

颅脑外伤时，病情可能复杂多变，禁止给予饮食，速送医院诊治。

7. 烧伤、烫伤急救知识

（1）人员自保

① 伤员应迅速脱离现场，及时消除致伤原因。

② 处在浓烟中，应采用弯腰或匍匐爬行姿势。有条件的要用湿毛巾或湿衣服捂住鼻子行走。

③ 楼下着火时，可通过附近的管道或固定物上拴绳子下滑；或关严门，往门上泼水。

④ 若身上着火应尽快脱去着火或沸液浸渍的衣服；如来不及脱着火衣服时，应迅速卧倒，慢慢就地滚动以压灭火苗；如邻近有凉水，应立即将受伤部位浸入水中，以降低局部温度。但切勿奔跑呼叫或用双手扑打火焰，以免助长燃烧和引起头面部、呼吸道和双手烧伤。

(2) 现场救护

① 烧伤急救就是采用各种有效的措施灭火，使伤员尽快脱离热源，尽量缩短烧伤时间。

② 对已灭火而未脱衣服的伤员必须仔细检查，检查全身状况和有无并合损伤，电灼伤、火焰烧伤或高温气、水烫伤均应保持伤口清洁。伤员的衣服鞋袜用剪刀剪开后除去。伤口全部用清洁布片覆盖，防止污染。四肢烧伤时，先用清洁冷水冲洗，然后用清洁布片消毒纱布覆盖送医院。

③ 对爆炸冲击波烧伤的伤员要注意有无脑颅损伤，腹腔损伤和呼吸道损伤。

④ 烧毁的、打湿的或污染的衣服除去后，应立即用三角巾、干净的衣物被单覆盖包裹，冬天用干净单子包裹伤面后，再盖棉被。

⑤ 强酸或碱等化学灼伤应立即用大量清水彻底冲洗，迅速将被侵蚀的衣物剪去。为防止酸、碱残留在伤口内，冲洗时一般不少于 8min。对创面一般不做处理，尽量不弄破水泡，保护表皮。同时检查有无化学中毒。

⑥ 对危重的伤员，特别是对呼吸、心跳不好或停止的伤员立即就地紧急救护，待情况好转后再送医院。

⑦ 未经医务人员同意，灼伤部位不宜敷搽任何东西和药物。

⑧ 送医院途中，可给伤员多次少量口服糖盐水。

8. 冻伤急救知识

① 冻伤使肌肉僵直，严重者深及骨骼，在救护搬运过程中，动作要轻柔，不要强使其肢体弯曲活动，以免加重损伤，应使用担架，将伤员平卧并抬至温暖室内救治。

② 将伤员身上潮湿的衣服剪去后，用干燥柔软的衣服覆盖，不得烤火或搓雪。

③ 全身冻伤者呼吸和心跳有时十分微弱，不应该误认为死亡，应努力抢救。

9. 高温中暑急救知识

① 烈日直射头部，环境温度过高，饮水过少或出汗过多等可以引起中暑现象，其症状一般为恶心、呕吐、胸闷、眩晕、嗜睡、虚脱，严重时抽搐、惊厥甚至昏迷。

② 应立即将病员从高温或日晒环境转移到阴凉通风处休息。用冷水擦浴，湿毛巾覆盖身体，电扇吹风，或在头部置冰袋等方法降温，并及时给病人口服盐水。严重者送医院治疗。

二、职业健康

人类自开始生产活动以来，就出现了因接触生产环境和劳动过程中有害因素而发生的疾病。追溯国内外历史，最早发现的职业病都与采石开矿和冶炼生产有关。随着工业的兴起和发展，生产环境中使人类产生疾病的有害因素的种类和数量也不断增加。

(一) 职业健康概念

职业健康是研究并预防因工作导致的疾病，防止原有疾病的恶化。主要表现为工作中因环境及接触有害因素引起人体生理机能的变化。

1950年由国际劳工组织和世界卫生组织的联合职业委员会给出的定义：职业健康应以促进并维持各行业职工的生理、心理及社交处在最好状态为目的；并防止职工的健康受工作环境影响；保护职工不受健康危害因素伤害；并将职工安排在适合他们的生理和心理的工作环境中。

“职业健康”，国外有些国家称之为“工业卫生”（industrial hygiene）或“劳动卫生”，较多国家倾向于使用“职业健康”（occupational health）。目前在我国，劳动卫生、职业卫生、职业健康三种叫法并存，内涵相同。

在国家标准《职业安全卫生术语》（GB/T 15236—2008）中，“职业健康”（occupational health）定义为：以职工的健康在职业活动过程中免受有害因素侵害为目的的工作领域及在法律、技术、设备、组织制度和教育等方面所采取的相应措施。

（二）职业病

1. 职业病概念

《中华人民共和国职业病防治法》规定，职业病是指企业、事业单位和个体经济组织等用人单位的劳动者在职业活动中，因接触粉尘、放射性物质和其他有毒、有害因素而引起的疾病。

法定职业病的条件为以下三点。

① 在职业活动中接触职业危害因素而引起。

② 列入国家规定的职业病范围。

③ 用人单位和劳动者要形成劳动关系，个体劳动不纳入职业病管理的范围。

因此，有些人提出的从事视屏作业引起的视力下降，或者职业压力过大造成的心理紧张则不同于法定职业病的范畴。有的人虽然患有职业病目录中的疾病，如白血病、肺癌等，但不是在职业活动中引起的，也不同于法定职业病范畴。

2. 职业病的种类

随着经济的发展和科技进步，各种新材料、新工艺、新技术的不断出现，产生职业危害因素种类越来越多。导致职业病的范围越来越广，出现了一些过去未曾见过或者很少发生的职业病。同时考虑我国的社会经济发展状况，对法定职业病的范围不断地进行修订。

1957年规定14种法定职业病，1987年修订为9类99种。2014年新版职业病分类和目录中规定，职业病种类有10类132种：

（1）职业性尘肺病及其他呼吸系统疾病

矽肺、煤工尘肺、石墨尘肺、碳黑尘肺、石棉肺、滑石尘肺、水泥尘肺、云母尘肺、陶工尘肺、铝尘肺、电焊工尘肺、铸工尘肺等13种。

（2）职业性皮肤病

接触性皮炎、光接触性皮炎、电光性皮炎、黑变病、痤疮、溃疡、化学性皮肤灼伤、白斑等根据《职业性皮肤病的诊断总则》可以诊断的其他职业性皮肤病9种。

（3）职业性眼病

化学性眼部灼伤、电光性眼炎、白内障（含放射性白内障、三硝基甲苯白内障）3种。

（4）职业性耳鼻喉口腔疾病

噪声聋、铬鼻病、牙酸蚀病、爆震聋4种。

（5）职业性化学中毒

铅及其化合物中毒（不包括四乙基铅）、汞及其化合物中毒、锰及其化合物中毒、镉及其化合物中毒、铍病、铊及其化合物中毒、钡及其化合物中毒等60种。

(6)物理因素所致职业病

中暑、减压病、高原病、航空病、手臂振动病、激光所致眼(角膜、晶状体、视网膜)损伤、冻伤7种。

(7)职业性放射性疾病

外照射急性放射病、外照射亚急性放射病、外照射慢性放射病、内照射放射病等11种。

(8)职业性传染病

炭疽、森林脑炎、布鲁氏菌病、艾滋病(限于医疗卫生人员及人民警察)、莱姆病5种。

(9)职业性肿瘤

石棉所致肺癌、联苯胺所致膀胱癌、苯所致白血病、氯甲醚所致肺癌等11种。

(10)其他职业病

金属烟热,滑囊炎(限于井下工人),股静脉血栓综合征、股动脉闭塞症或淋巴管闭塞症(限于刮研作业人员)3种。

3. 职业病防治原则

预防职业病危害应遵循以下三级预防原则。

(1)一级预防

即从根本上使劳动者不接触职业病危害因素,如改变工艺,改进生产过程,确定容许接触量或接触水平,使生产过程达到安全标准,对人群中的易感者根据职业禁忌证避免有关人员进入职业禁忌岗位。

(2)二级预防

在一级预防达不到要求、职业病危害因素已开始损伤劳动者的健康时,应及时发现,采取补救措施,主要工作为进行职业危害及健康的早期检测与及时处理,防止其进一步发展。

(3)三级预防

即对已患职业病者,作出正确诊断,及时处理,包括及时脱离接触进行治疗、防止恶化和并发症,使其恢复健康。

(三)劳动防护用品

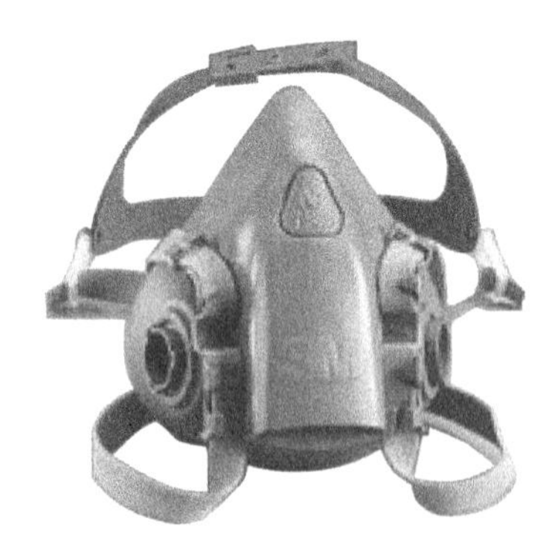

图5-1 3M防毒面具

1. 3M防毒面具

防毒面具是指戴在头上,保护人员呼吸器官、眼睛和面部,防止毒剂、生物制剂、细菌武器和放射性灰尘等有毒物质伤害的个人防护器材。不刺激皮肤。面具本体可清洗,配件可更换。

3M防毒面具如图5-1所示。

防毒面具作为个人防护器材,用于对人员的呼吸器官,眼睛及面部皮肤提供有效防护。面具由面罩、导气管和滤毒罐组成,面罩可直接与滤毒罐连接使用,或者用导气管与滤毒罐连接使用。防毒面罩可以根据防护要求分别选用各种型号的滤毒罐,应用在化工、仓库、科研、各种有毒、有害的作业环境。

2. 安全帽

安全帽的防护作用有防止物体打击伤害,防止高处坠落伤害头部,防止机械性损伤。

安全帽的正确佩戴方法如下。

① 安全帽在佩戴前，应调整好松紧大小，以帽子不能在头部自由活动，自身又未感觉不适为宜。

② 安全帽由帽衬和帽壳两部分组成，帽衬必须与帽壳连接良好，同时帽衬与帽壳不能紧贴，应有一定间隙，该间隙一般为2～4cm（视材质情况），当有物体坠落到安全帽壳上时，帽衬可起到缓冲作用，不使颈椎受到伤害。

③ 必须拴紧下颚带，当人体发生坠落或二次击打时，不至于脱落。

④ 应戴正、帽带系紧，帽箍的大小应根据佩戴人的头型调整箍紧；女生佩戴安全帽应将头发放进帽衬。

3. 防化服

防化服的穿法重要的一点是一定要先戴防毒面具再穿防化服，否则很可能还没穿好衣服就已经中毒了。

穿法：将防化服展开（头罩对向自己，开口向上）；撑开防化服的颈口，胸襟，两腿先后伸进裤内，穿好上衣，系好腰带；戴上防毒面具后，戴上防毒衣头罩，扎好胸襟、系好颈扣带；戴上手套放下外袖并系紧。

脱法：自下而上解开各系带；脱下头罩，拉开胸襟至肩下，脱手套时，两手缩进袖口内并抓住内袖，两手背于身后脱下手套和上衣；再将两手插进裤腰往外翻，脱下裤子。

4. 乳胶手套

乳胶手套具有耐磨性、耐穿刺；抗酸碱、油脂、燃油及多种溶剂等；有着广泛的抗化性能，防油效果良好。

5. 耳塞

一般劳保性的耳塞均带绳子，方便随时摘除。

佩戴时搓细：将耳塞搓成长条状，搓得越细越容易佩戴。耳塞如图5-2所示。

塞入：拉起上耳角，将耳塞的2/3塞入耳道中。

按住：按住耳塞约20s，直至耳塞膨胀并堵住耳道。

拉出：用完后取出耳塞时，将耳塞轻轻地旋转拉出。

6. 防静电工作服

防静电工作服必须与GB 4385规定的防静电鞋配套穿用。

禁止在防静电服上附加或佩戴任何金属物件。需随身携带的工具应具有防静电、防电火花功能；金属类工具应置于防静电工作服衣带内，禁止金属件外露。

图5-2　耳塞

禁止在易燃易爆场所穿脱防静电工作服。

7. 胶粒手套

主要起到抗磨的作用，对皮肤起到一定保护作用。

8. 口罩

对进入肺部的空气有一定的过滤作用，在呼吸道传染病流行时，在粉尘等污染的环境中作业时，戴口罩具有非常好的作用。

9. 一次性手套

多数用在取液体样品时。主要让皮肤与样品隔离，保护皮肤。

10. 安全带

安全带由车间进行统一管理、保管员负责；安全带不能与油酸等有腐蚀性物质放在一起，以保证安全带的强度；安全带不准做其他用，安全带上的附件必须齐全好用，如发现做其他用者，按价赔偿。

11. 空气呼吸器

自给正压式空气呼吸器（简称空呼器）是一种呼吸保护装具，专为进入缺氧、有毒有害气体环境中进行工作的使用者提供高效的呼吸保护。使用时佩戴者完全不依赖环境气体，而由充装在气瓶内的高压空气经减压器减压后供人体呼吸，而呼出的气体通过呼气阀排到大气中。正常使用时，空气呼吸器面罩内的压力始终略高于外界环境压力，能有效地防止外界有毒、有害气体侵入面罩内，从而保障了使用人员的安全。其工作温度范围为－30～60℃。

空气呼吸器如图 5-3 所示。

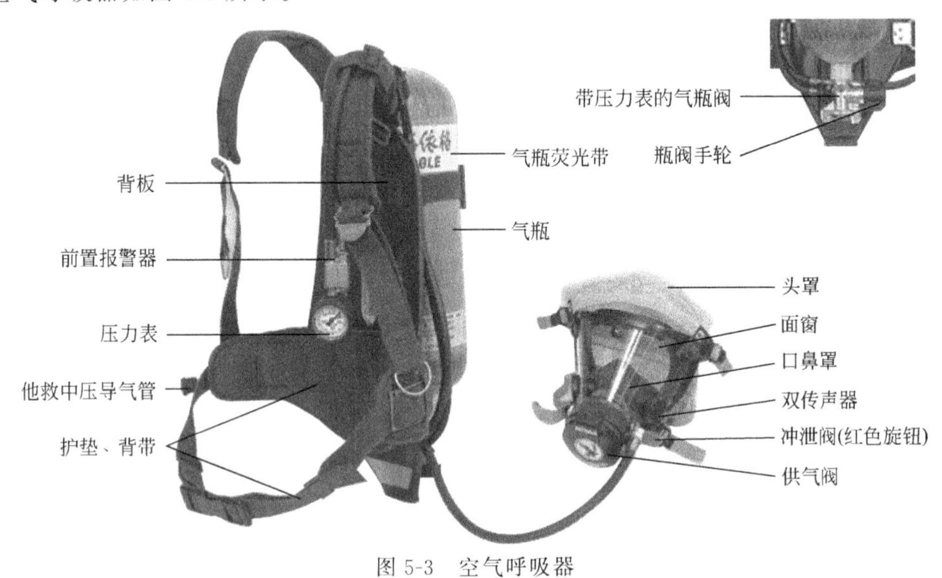

图 5-3　空气呼吸器

（1）设备结构

空气呼吸器由五大部件组成：气瓶总组成、减压器组成、供气阀组成、面罩组成、背托组成。

（2）工作原理

呼吸器是以压缩空气为供气源的隔绝开路式呼吸器。当打开气瓶阀时，储存在气瓶内的高压空气通过气瓶阀进入减压器组件，同时，压力表显示组件气瓶空气压力，高压空气被减压为中压，中压空气经中压管进入安装在面罩上的供气阀，供气阀根据使用者的呼吸要求，能提供大于 200L/min 的空气，同时，面罩内保持高于环境大气的压力。当人吸气时，供气阀膜片根据使用者的吸气而移动，使阀门开启，提供气流；当人呼气时，供气阀膜片向上移动，使阀门关闭，呼出的气体经面罩上的呼气阀排出，当停止呼气时，呼气阀关闭，准备下一次吸气，这样就完成了一个呼吸循环过程。

（3）操作步骤

① 使用前的准备。

a. 检查气瓶压力及系统气密性：逆时针方向旋转瓶阀手轮，至少 2 圈。如果发现有气体从供气阀中流出，则按下供气阀上的节气开关，气流应停止。30s 后观察压力表的读数，气瓶内空气压力应不小于 28MPa。顺时针方向旋转瓶阀手轮，关闭瓶阀，继续观察压力表读数 1min，如果压力降低不超过 0.5MPa，且不继续降低，则系统气密性良好。

b. 检查报警器：顺时针方向旋转瓶阀手轮，关闭瓶阀，略微打开供气阀上的冲泄阀旋钮，将系统管路中的气体缓慢放出，当气瓶压力降到（5.5±0.5）MPa 时，报警器应开始起鸣报警，并持续到气瓶内压力小于 1MPa 时止。

② 使用步骤。

a. 佩戴装具。将气瓶地步朝向自己；然后展开肩带，并将其分别置于气瓶两边。两手同时抓住背架体两侧，将空气呼吸器举过头顶；同时两肘内收贴近身体，身体稍微前倾，使空气呼吸器自然滑落于背部，同时确保肩带环顺着手臂滑落在肩膀上；然后站直身体，向下拉下肩带，将空气呼吸器调整到舒适位置，使臀部承重。

b. 扣紧腰带。将腰带公扣插入母扣内，然后将腰带左右两侧的伸缩带向侧后方拉紧，将腰带收紧确保扣牢。

c. 佩戴面罩。检查面罩组件，确认口鼻罩上已装配了吸气阀，且口鼻罩位于下巴罩后面及两个传声器的中间，把头罩上的带子翻至面窗外面，一只手将面罩罩在面部，同时用另一只手外翻并后拉将面罩戴在头上。带子应平顺无缠绕。向后拉动劲带（下方带子）两端，收紧劲带，在向后拉动头带（上方带子）两端，收紧头带。

d. 面罩密封性。用手掌心捂住面罩接口处，深吸气并屏住呼吸 5s，应感到面窗始终向面部贴紧（即面罩内产生负压并保持），说明面罩与脸部的密封应良好，否则需重新收紧头带和劲带或重新佩戴面罩。

e. 打开瓶阀。逆时针方向旋转瓶阀手轮，至少 2 圈。

f. 装供气阀。使供气阀上的红色冲泄旋钮处于 12 点钟位置，将供气阀的凸形接口插入面罩上相对应的凹形接口，然后逆时针旋转 1/4 圈，使节气开关转至 12 点钟位置，并伴有“喀嗒”一声。此时，供气阀上的插板将滑入面罩上的卡槽中锁紧供气阀。

g. 检查装具呼吸性能。供气阀安装好后，深吸一口气打开供气阀，随后的吸气过程中将有空气自动供给，吸气和呼气都应舒畅，而无不适感觉。可通过几次深呼吸来检查供气阀性能。

③ 使用。

a. 正确佩戴装具且经认真检查后即可投入使用。

b. 使用过程中要注意随时观察压力表和报警器发出的报警信号，报警器音响在 1m 范围内声级为 90dB，当听到报警声时应立即撤离现场。

④ 结束使用

a. 使用结束后，首先确定已离开受污染或空气成分不明的环境或已处于不再要求呼吸保护的环境中。

b. 捏住下面左右两侧的劲带扣环向外拉，即可松开劲带，然后同样在松开头带，将面罩从面部由下向上脱下。

c. 按下供气阀上部的节气开关，关闭供气阀，面罩内应没有空气流出，用拇指和食指压住插扣中间的凹口处，轻轻用力压下将插扣分开。

d. 两手勾住肩带上的扣板，向上轻提即可放松肩带，然后将装具从肩背上卸下。

e. 顺时针旋转瓶阀手轮，关闭瓶阀。

f. 打开冲泄阀放掉空气呼吸器系统管路中压缩空气，等到不再有气流后，关闭冲泄阀。

⑤ 注意事项

a. 使用者在报警器起鸣时，必须立刻撤离到一个不需要呼吸保护的场所。当报警器起鸣时，表明气瓶压力已降到5.5MPa，此时若没有立刻离开现场可能会引起人员伤亡。

b. 如果供气阀上的节气开关在瓶阀打开之前没有被按下关闭，空气将从面罩内自由流出。如果气瓶未充满压缩空气，使用前须换上充满空气的气瓶。

c. 使用空气呼吸器时，如果没有按要求扣紧和调节肩带、腰带，空气呼吸器可能在使用者的身上移动或从身上掉下来。

d. 使用者的面部条件妨碍了脸部与面罩的良好密封时，不应佩戴空呼器。这样的条件包括胡须，鬓角或眼镜架等。使用者面部和面罩间密封性不好会减少空呼器的使用时间或导致使用者本应由空呼器防护的部分暴露于空气中。

学一学　职业安全管理规定

1. 三懂四会

三懂：懂得本单位火灾危险性，懂得预防火灾的措施，懂得扑救初起火灾的方法。

四会：会报警，会使用消防器材，会扑救初起火灾，会组织人员疏散。

2. 三违行为

违章指挥、违章作业、违反劳动纪律。

3. 三不伤害

不伤害自己、不伤害他人、不被他人伤害。

4. 四不用火

用火票未经签发不用火；用火票的安全措施没有落实不用火；用火部位、时间与用火票不符不用火；监护人不在现场不用火。

5. 四不放过

事故原因分析不清不放过；事故责任者和员工没受到教育不放过；没有制定出防范措施不放过；事故责任者没有受到处理不放过。

6. 四全原则

在生产过程中要全员、全过程、全方位、全天候的实施安全监督管理。

7. 三查四定

三查指查设计漏项、查工程质量及隐患、查未完工程量；四定指对检查出来的问题定措施、定负责部门（人）、定完成日期、定资金来源。

8. 操作工的六严格

严格执行交接班制；严格进行巡回检查；严格控制工艺指标；严格执行操作法；严格遵守劳动纪律；严格执行安全规定。

9. 动火作业六大禁令

动火证未经批准，禁止动火；不与生产系统可靠隔绝，禁止动火；不清洗，置换不合格，禁止动火；不消除周围易燃物，禁止动火；不按时作动火分析，禁止动火；没有消防措施，禁止动火。

10. 三级安全教育

分公司级安全教育、运行部级安全教育、班组级安全教育。

11. 特种作业

特种作业：电工作业；金属焊接、切割作业；起重机械（含电梯）作业；企业内机动车辆驾驶；登高架设作业；锅炉作业（含水质化验）；压力容器作业。

模块二
催化裂化

项目六　催化裂化认知

一、催化裂化作用

催化裂化装置是以重质油为原料，在催化剂存在的条件下，在一定的温度和一定压力下经过分解反应为主的系列化学反应，从而生成气体、轻质油品及焦炭的过程。所以，催化裂化装置是目前石油炼制工业中一个重要的二次加工过程，是重油轻质化的核心工艺，同时也是提高原油加工深度、增加轻质油收率的重要手段。

(1) 催化裂化是处于我国第一位的原油深度加工装置

我国催化裂化装置加工能力居世界第二，大多数装置掺炼常压渣油和减压渣油，是我国加工重油第一位的装置。

(2) 催化裂化是我国生产运输燃料最重要的装置

近年来，我国汽车产业飞速发展，汽车保有量越来越多。而我国80%汽油和30%柴油来自催化裂化，催化裂化是我国生产运输燃料最重要的装置。

(3) 催化裂化已成为炼油与化工的纽带

催化裂化气体中含有较多的乙烯和丙烯，是十分宝贵的化工原料。

原油炼制加工示意如图6-1所示。

二、催化裂化原料与产品

(一) 原料

1. 原料的种类

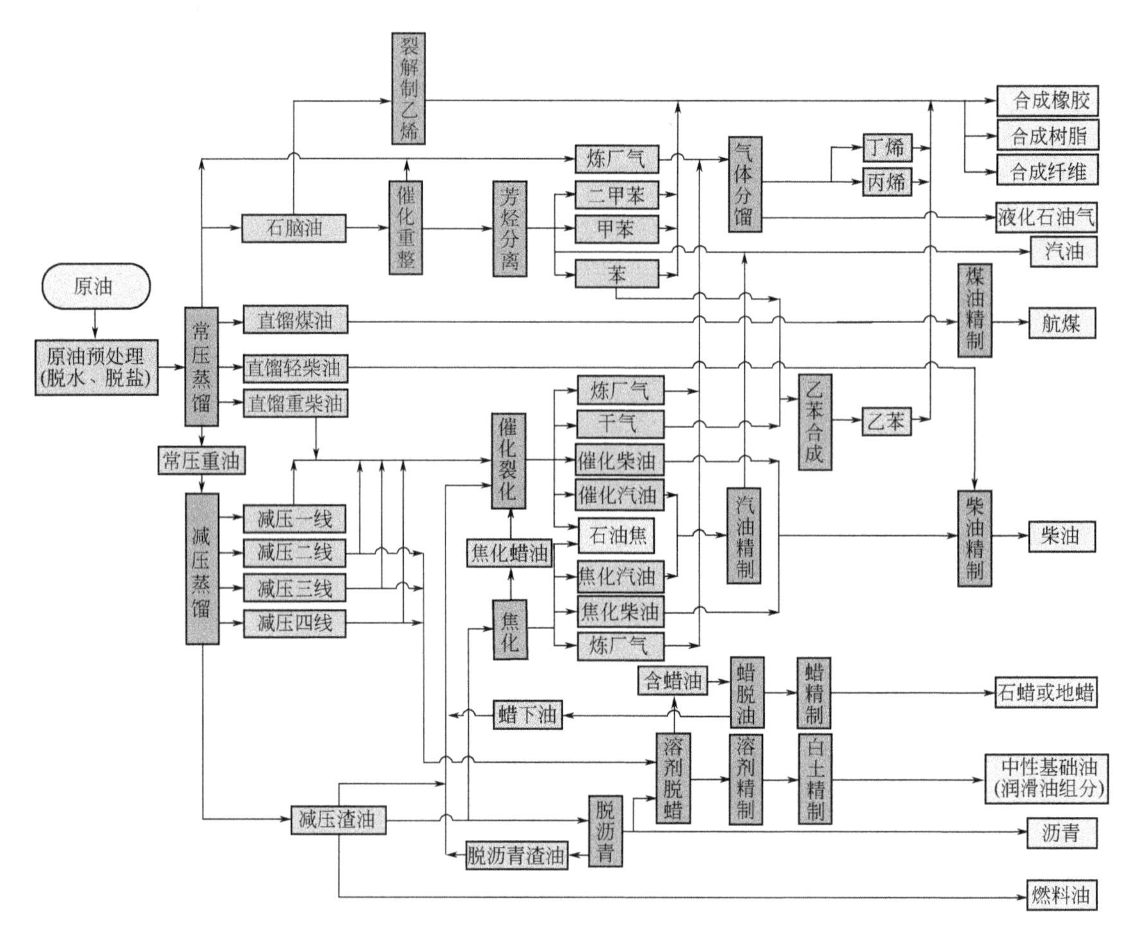

图 6-1 原油炼制加工示意图

催化裂化原料范围很广，有 350～500℃直馏馏分油、常压渣油及减压渣油，也有二次加工馏分油如焦化蜡油、润滑油脱蜡的蜡膏、蜡下油、脱沥青油等，原料的类别和基本性质见表 6-1。

表 6-1 原料类别与基本性质

序号	类别	来源	基本性质
1	馏分油 350～500℃ C_{20}～C_{36}	减压馏分油(传统原料)	含芳烃不多,易裂化,轻油收率高,优质催化料
		焦化蜡油	含芳烃较多,较难裂化,不单独使用
		溶剂精制抽出油	含芳烃更多,更难裂化,只能掺兑用
2	重油(渣油) >350℃或>500℃ C_{20}～C_{36}或>C_{36}	常压渣油 减压渣油 减压渣油脱沥青油	最重的部分,除了多环、稠环芳烃外,还有胶质与沥青质,必须使用专门的催化剂与相应的工艺设备与条件

(1) 直馏馏分油

一般为常压重馏分和减压馏分。不同原油的直馏馏分的性质不同，但直馏馏分含烷烃高，芳烃较少，易裂化。我国几种原油减压馏分油性质及组成见表 6-2。

表 6-2 我国几种原油减压馏分油性质及组成

指标	大庆油	胜利油	任丘油	中原油	辽河油
轻油收率(质量分数)/%	26～30	27	34.9	23.2	29.7
密度(20℃)/(g/cm³)	0.8564	0.8876	0.8690	0.8560	0.9083
馏程/℃	350～500	350～500	350～500	350～500	350～500
凝点/℃	42	39	46	43	34
运动黏度(50℃/100℃)/(mm²/s)	—/4.60	25.3/5.9	17.9/5.3	14.2/4.4	—/6.9
分子量	398	382	369	400	366
特性因数 K	12.5	12.3	12.4	12.5	11.8
残炭(质量分数)/%	<0.1	<0.1	<0.1	0.04	0.038
组成/%					
饱和烃	86.6	71.8	80.9	80.2	71.6
芳香烃	13.4	23.3	16.5	16.1	24.42
胶质	0.0	4.9	2.6	2.7	4.0
硫含量(质量分数)/%	0.045	0.47	0.27	0.35	0.15
氮含量(质量分数)/%	0.045	<0.1	0.09	0.042	0.20
重金属含量/(μg/g)					
铁	0.4	0.02	2.50	0.2	0.06
镍	<0.1	<0.1	0.03	0.01	—
钒	0.01	<0.1	0.08	—	—
铜	0.04	—	0.08	—	—

根据我国原油的情况，由表 6-2 可知，直馏馏分催化原料油有以下几个特点：

① 原油中轻组分少，大都在 30%以下，因此催化裂化原料充足；

② 含硫低，含重金属少，大部分催化裂化原料硫含量在 0.1%～0.5%，镍含量一般为 0.1～1.0μg/g，只有孤岛原油馏分油硫含量及重金属含量高；

③ 主要原油的催化裂化原料，如大庆、任丘等，含蜡量高，因此特性因数 K 也高，一般为 12.3～12.6。

以上说明，我国催化裂化原料量大、质优，轻质油收率和总转化率也较高。是理想的催化裂化原料。

(2) 二次加工馏分油

表 6-3 列出了几种常见二次加工馏分油组成及性质。

表 6-3 几种常见二次加工馏分油组成及性质

指标	大庆			胜利焦化蜡油
	蜡膏	脱沥青油	焦化蜡油	
密度(20℃)/(g/cm³)	0.82	0.86～0.89	0.8619	0.9016
馏程/℃				
初馏点	350	348	318	230
终馏点	550	500	—	507
凝点/℃	—		30	35
残炭(质量分数)/%	<0.1	0.7	0.07	0.490
硫含量(质量分数)/%	<0.1	0.11	0.09	0.98
氮含量(质量分数)/%	<0.1	0.15	—	0.39
重金属/(mg/kg)				
Fe	—		—	3.0
Ni	<0.1	0.5	—	0.36
V	—		—	—
Cu	—		—	—

由表 6-3 可知：

① 酮苯脱蜡的蜡膏和蜡下油是含烷烃较多、易裂化、生焦少的理想的催化裂化原料；

② 焦化蜡油、减黏裂化馏出油是已经裂化过的油料，芳烃含量较多，裂化性能差，焦炭产率较高一般不能单独作为催化裂化原料；

③ 脱沥青油、抽余油含芳烃较多，易缩合，难以裂化，因而转化率低，生焦量高，只能与直馏馏分油掺合一起作催化裂化原料。

(3) 常压渣油和减压渣油

我国原油大部分为重质原油，减压渣油收率占原油的 40%左右，常压渣油占 65%～75%，渣油量很大。十几年来，我国重油催化裂化有了长足进步。开发出重油催化裂化工艺，提高了原油加工深度，有效地利用了宝贵的石油资源。

常规催化裂化原料油中的残炭和重金属含量都比较低，而重油催化裂化则是在常规催化原料油中掺入不同比例的减压渣油或直接用全馏分常压渣油。由于原料油的改变，胶质、沥青质、重金属及残炭值的增加，特别是族组成的改变，对催化裂化过程的影响极大。因此，对重油催化裂化来说，首先要解决高残炭值和高重金属含量对催化裂化过程的影响，才能更好地利用有限的石油资源。表 6-4 和表 6-5 列出了我国几种常压渣油和减压渣油的性质。

表 6-4　我国几种常压渣油的性质

项　目	大庆	胜利	任丘	中原	辽河
馏分范围/℃	>350	>400	>350	>350	>350
密度(20℃)/(g/cm³)	0.8959	0.9460	0.9162	0.9062	0.9436
收率(质量分数)/%	71.5	68.0	73.6	55.5	68.9
康氏残炭(质量分数)/%	4.3	9.6	8.9	7.50	8.0
元素分析/%					
C	86.32	86.36		85.37	87.39
H	13.27	11.77		12.02	11.94
N	0.2	0.6	0.49	0.31	0.44
S	0.15	1.2	0.4	0.88	0.23
重金属/(mg/kg)					
V	<0.1	1.50	1.1	4.5	
Ni	4.30	36	23	6.0	47
组成(质量分数)/%					
饱和烃	61.4	40.0	46.7		49.4
芳香烃	22.1	34.3	22.1		30.7
胶质	16.45	24.9	31.2		19.9
沥青质(C_7 不溶物)	0.05	0.8	<0.1		<0.1

表 6-5　我国几种减压渣油的性质

项　目	大庆	胜利	任丘	中原	辽河
馏分范围/℃	>500	>500	>500	>500	>500
收率(质量分数)/%	42.9	47.1	38.7	32.3	39.3
密度(20℃)/(g/cm³)	0.9220	0.9698	0.9653	0.9424	0.9717
黏度(100℃)/(m m²/s)	104.5	861.7	958.5	256.6	549.9
康氏残炭(质量分数)/%	7.2	13.9	17.5	13.3	14.0
S(质量分数)/%	0.91	1.95	0.76	1.18	0.37
H/C 原子比	1.73	1.63	1.65	1.63	1.75
平均分子量	1120	1080	1140	1100	992
重金属/(mg/kg)					
V	0.1	2.2	1.2	7.0	1.5
Ni	7.2	46	42	10.3	83

2. 评价原料性能的指标

通常用以下几个指标来评价催化裂化原料的性能。

(1) 馏分组成

馏分组成可以判别原料的轻重和沸点范围的宽窄。原料油的化学组成类型相近时，馏分越重，越容易裂化；馏分越轻，越不易裂化。由于资源的合理利用，近年来纯蜡油型催化裂化越来越少。

(2) 烃类组成

烃类组成通常以烷烃、环烷烃、芳烃的含量来表示。原料的组成随原料来源的不同而不同。石蜡基原料容易裂化，汽油及焦炭产率较低，气体产率较高；环烷基原料最易裂化，汽油产率高，辛烷值高，气体产率较低；芳香基原料难裂化，汽油产率低而生焦多。

重质原料油烃类组成分析较困难，在实际生产中很少测定，仅在装置标定时才作该项分析，平时是通过测定密度、特性因数 K、苯胺点等物理性质来间接进行判断。

① 密度。密度越大，则原料越重。若馏分组成相同，密度大，环烷烃、芳烃含量多；密度小，烷烃含量较多。

② 特性因数 K。特性因数与密度和馏分组成有关。原料的 K 值高说明含烷烃多，K 值低说明含芳烃多。原料的 K 值可由恩氏蒸馏数据和密度计算得到。也可由密度和苯胺点查图得到。

③ 苯胺点。苯胺点是表示油品中芳烃含量的指标，苯胺点越低，油品中芳烃含量越高。

(3) 残炭

原料油的残炭值是衡量原料性质的主要指标之一。它与原料的组成、馏分宽窄及胶质、沥青质的含量等因素有关。原料残炭值高，则生焦多。常规催化裂化原料中的残炭值较低，一般在6%左右。而重油催化裂化是在原料中掺入部分减压渣油或直接加工全馏分常压渣油，随原料油变重，胶质、沥青质含量增加，残炭值增加。

(4) 金属

原料油中重金属以钒、镍、铁、铜对催化剂活性和选择性的影响最大。在催化裂化反应过程中，钒极容易沉积在催化剂上，再生时钒转移到分子筛位置上，与分子筛反应，生成熔点为632℃的低共熔点化合物，破坏催化剂的晶体结构而使其永久性失活。

镍沉积在催化剂上并转移到分子筛位置上，但不破坏分子筛，仅部分中和催化剂的酸性中心，对催化剂活性影响不大。由于镍本身就是一种脱氢催化剂，因此在催化裂化反应的温度、压力条件下即可进行脱氢反应，使氢产率增大，液体减少。

原料中碱金属钠、钙等也影响催化裂化反应。钠沉积在催化剂上会影响催化剂的热稳定性、活性和选择性。随着重油催化裂化的发展，人们越来越注意钠的危害。钠不仅引起催化剂的酸性中毒，还会与催化剂表面上沉积的钒的氧化物生成低熔点的钒酸钠共熔体，在催化剂再生的高温下形成熔融状态，使分子筛晶格受到破坏，活性下降。这种毒害程度随温度升高而变得严重（见表6-6）。因此对重油催化裂化而言，原料的钠含量必须严加控制，一般控制在5mg/kg以下。

(5) 硫、氮含量

原料中的含氮化合物，特别是碱性氮化合物含量多时，会引起催化剂中毒使其活性下降。研究表明，裂化原料中加入0.1%（质量分数）的碱性氮化物，其裂化反应速率约下降50%。除此之外，碱性氮化合物是造成产品油料变色、氧化安定性变坏的重要原因之一。

表 6-6 代表性钒、钠共熔体的熔点

化合物	熔点/℃	化合物	熔点/℃
V_2O_3	1970	$Na_2O \cdot 7V_2O_5$	668
V_2O_4	1970	$2Na_2O \cdot V_2O_5$	640
V_2O_5	675	$Na_2O \cdot V_2O_5$	630
$3Na_2O \cdot V_2O_5$	850	$Na_2O \cdot V_2O_4 \cdot 5V_2O_5$	625
$Na_2O \cdot 6V_2O_5$	702	$5Na_2O \cdot V_2O_4 \cdot 11V_2O_5$	535

原料中的含硫化合物对催化剂活性没有显著的影响，试验中用含硫 0.35%～1.6%的原料没有发现对催化裂化反应速率产生影响。但硫会增加设备腐蚀，使产品硫含量增高，同时污染环境。因此在催化裂化生产过程中对原料及产品中硫和氮的含量应引起重视，如果含量过高，需要进行预精制处理。

（二）产品

催化裂化过程中，当所用原料、催化剂及反应条件不同时，所得产品的产率和性质也不相同。但总的来说催化裂化产品与热裂化相比具有很多特点。

1. 气体产品

在一般工业条件下，气体产率为 10%～20%，其中所含组分有氢气、硫化氢、C_1～C_4 烃类。氢气含量主要决定于催化剂被重金属污染的程度。H_2S 则与原料的硫含量有关。C_1 即甲烷，C_2 为乙烷、乙烯，以上物质称为干气。

催化裂化气体中大量的是 C_3、C_4（称为液态烃或液化气），其中 C_3 为丙烷、丙烯，C_4 包括 6 种组分（正、异丁烷，正丁烯，异丁烯和顺、反-2-丁烯）。

气体产品的特点如下：

① 气体产品中 C_3、C_4 占绝大部分，约 90%（重），C_2 以下较少，液化气中 C_3 比 C_4 少，液态烃中 C_4 含量为 C_3 含量的 1.5～2.5 倍；

② 烯烃比烷烃多，C_3 中烯烃约为 70%，C_4 中烯烃为 55%左右；

③ C_4 中异丁烷多，正丁烷少，正丁烯多，异丁烯少。

上述特点使催化裂化气体成为石油化工很好的原料，催化裂化的干气可以作燃料也可以作合成氨的原料。由于其中含有部分乙烯，所以经次氯酸化又可以制取环氧乙烷，进而生产乙二醇、乙二胺等化工产品。

液态烃，特别是其中烯烃可以生产各种有机溶剂、合成橡胶、合成纤维、合成树脂等三大合成产品以及各种高辛烷值汽油组分如叠合油、烷基化油及甲基叔丁基醚等。

2. 液体产品

① 催化裂化汽油产率为 40%～60%（质量分数）。由于其中有较多烯烃、异构烷烃和芳烃，所以辛烷值较高，一般为 90 左右（MON）。因其所含烯烃中 α 烯烃较少，且基本不含二烯烃，所以安定性也比较好。含低分子烃较多，它的 10%点和 50%点温度较低，使用性能好。

② 柴油产率为 20%～40%（质量分数），因其中含有较多的芳烃为 40%～50%，所以十六烷值较直馏柴油低得多，只有 35 左右，常常需要与直馏柴油等调合后才能作为柴油发动机燃料使用。

③ 油浆中含有少量催化剂细粉，一般不作产品，可返回提升管反应器进行回炼，若经澄清除去催化剂也可以生产部分（3%～5%）澄清油，因其中含有大量芳烃是生产重芳烃和

炭黑的好原料。

3. 焦炭

催化裂化的焦炭沉积在催化剂上，不能作产品，在催化剂再生烧焦时副产中压蒸汽。常规催化裂化的焦炭产率为5%～7%，当以渣油为原料时可高达10%以上，视原料的质量不同而异。

由上述产品分布和产品质量可见催化裂化有它独特的优点，是一般热破坏加工所不能比拟的。

（三）催化剂

催化剂是一种能影响化学反应速率，但其本身并不因化学反应的结果而消耗，也不会改变反应的最终热力学平衡位置的物质。在工业催化裂化装置中，催化剂不仅对处理能力、产品分布和产品质量起着主要影响，而且对生产成本也有重要影响。催化剂还对操作条件、工艺过程和设备形式的选择有重要影响，催化裂化工艺技术的发展对催化剂的发展提出了新的要求，而催化剂的发展又促进了催化裂化工艺技术的发展。

1. 催化裂化催化剂类别、组成及结构

工业上所使用的裂化催化剂虽品种繁多，但归纳起来有三大类：天然白土催化剂、无定形合成催化剂和分子筛催化剂，其主要组成见表6-7。早期使用的无定形硅酸铝催化剂孔径大小不一、活性低、选择性差早已被淘汰，现在广泛应用的是分子筛催化剂。下面重点讨论分子筛催化剂的类别、组成及结构。

表6-7 催化剂类别与组成

序号	类别	来源	组成
1	无定形硅酸铝	天然白土	以 SiO_2 和 Al_2O_3 为主要成分，具有孔径大小不一的许多微孔
		低铝硅酸铝	
		高铝硅酸铝	
2	结晶型硅铝酸盐	分子筛	以 SiO_2 和 Al_2O_3 为主要成分，具有晶格结构的结晶硅铝盐

分子筛催化剂是20世纪60年代初发展起来的一种新型催化剂，它对催化裂化技术的发展起了划时代的作用。目前催化裂化所用的分子筛催化剂由分子筛（活性组分）、担体以及黏结剂组成。

（1）活性组分——分子筛

分子筛也称泡沸石，它是一种具有一定晶格结构的铝硅酸盐。早期硅酸铝催化剂的微孔结构是无定形的，即其中的空穴和孔径是很不均匀的，而分子筛则是具有规则的晶格结构，它的孔穴直径大小均匀，好像是一定规格的筛子一样，只能让直径比它孔径小的分子进入，而不能让比它孔径更大的分子进入。由于它能像筛子一样将直径大小不等的分子分开，因而得名分子筛。不同晶格结构的分子筛具有大小不同直径的孔穴，相同晶格结构的分子筛，所含金属离子不同时，孔穴的直径也不同。

分子筛按组成及晶格结构的不同可分为A型、X型、Y型及丝光沸石，它们的孔径及化学组成见表6-8。

目前催化裂化使用的主要是Y型分子筛。沸石晶体的基本结构为晶胞。图6-2是Y型分子筛的单位晶胞结构，每个单元晶胞由八个削角八面体组成（见图6-3），削角八面体的每个顶端是 Si 或 Al 原子，其间由氧原子相连接。由于削角八面体的连接方式不同，可形成不同品种的分子筛。晶胞常数是沸石结构中重复晶胞之间的距离，也称晶胞尺寸。在典型的新鲜 Y 型沸石晶体中，一个单元晶胞包含 192 个骨架原子位置，55 个铝原子和 137 个硅原子。晶胞常数是沸石结构的重要参数。

表 6-8　分子筛的孔径和化学组成

类型	孔径/10^{-1}nm	单元晶胞化学组成	硅铝原子比
4A	4	$Na_{12}[(AlO_2)_{12}(SiO_2)_{12}]\cdot 27H_2O$	1 ∶ 1
5A	5	$Na_{2.6}Ca_{4.7}[(AlO_2)_{12}(SiO_2)_{12}]\cdot 31H_2O$	1 ∶ 1
13X	9	$Na_{86}[(AlO_2)_{86}(SiO_2)_{106}]\cdot 264H_2O$	(1.5～2.5) ∶ 1
Y	9	$Na_{56}[(AlO_2)_{56}(SiO_2)_{136}]\cdot 264H_2O$	(2.5～5) ∶ 1
丝光沸石	平均 6.6	$Na_8[(AlO_2)_8(SiO_2)_{40}]\cdot 24H_2O$	5 ∶ 1

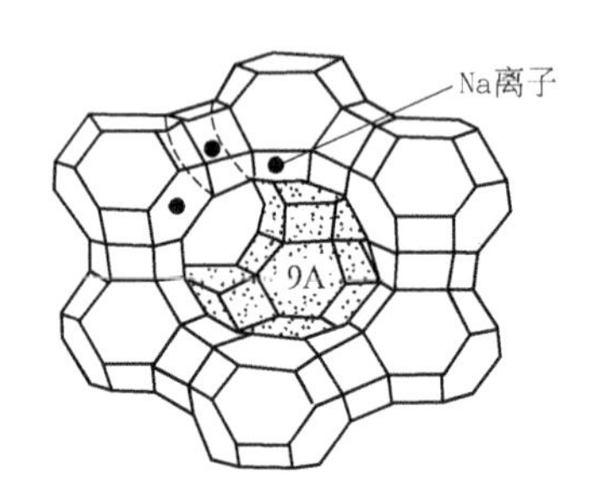

图 6-2　Y 型分子筛的单位晶胞结构

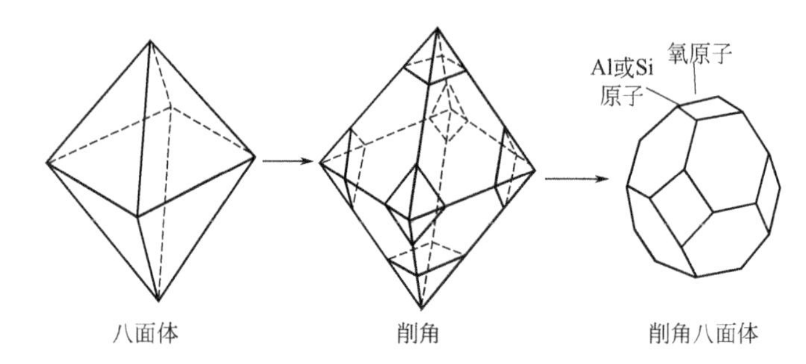

图 6-3　削角八面体

人工合成的分子筛是含钠离子的分子筛，这种分子筛没有催化活性。分子筛中的钠离子可以被氢离子、稀土金属离子（如铈、镧、镨等）等取代，经过离子交换的分子筛的活性比硅酸铝的高出上百倍。近年来，研究发现，当用某些单体烃的裂化速率来比较时，某些分子筛的催化活性比硅酸铝竟高出万倍。这样过高活性不宜直接用作裂化催化剂。作为裂化催化剂时，一般将分子筛均匀分布在基质（也称担体）上。目前工业上所采用的分子筛催化剂一般含 20％～40％的分子筛，其余的是主要起稀释作用的基质。

（2）担体（基质）

基质是指催化剂中沸石之外具有催化活性的组分。催化裂化通常采用无定形硅酸铝、白土等具有裂化活性的物质作为分子筛催化剂的基质。基质除了起稀释作用外，还有以下作用：

① 在离子交换时，分子筛中的钠不可能完全被置换掉，而钠的存在会影响分子筛的稳定性，基质可以容纳分子筛中未除去的钠，从而提高了分子筛的稳定性；

② 在再生和反应时，基质作为一个庞大的热载体，起到热量储存和传递的作用；

③ 可增强催化剂的机械强度；

④ 重油催化裂化进料中的部分大分子难以直接进入分子筛的微孔中，如果基质具有适度的催化活性，则可以使这些大分子先在基质的表面上进行适度的裂化，生成的较小的分子再进入分子筛的微孔中进行进一步的反应；

⑤ 基质还能容纳进料中易生焦的物质如沥青质、重胶质等，对分子筛起到一定的保护作用。这对重油催化裂化尤为重要。

（3）黏结剂

黏结剂作为一种胶将沸石、基质黏结在一起。黏结剂可能具有催化活性，也可能无活性。黏结剂提供催化剂物理性质（密度、抗磨强度、粒度分布等），提供传热介质和流化介质。对于含有大量沸石的催化剂，黏结剂更加重要。

2. 催化裂化催化剂评价

一个良好的催化剂，在使用中有较高的活性及选择性以便能获得产率高、质量好的目的产品，而其本身又不易被污染、被磨损、被水热失活，并且还应有很好的流化性能和再生性能。

（1）一般理化性质

① 密度。对催化裂化催化剂来说，它是微球状多孔性物质，故其密度有几种不同的表示方法。

真实密度：又称催化剂的骨架密度，即颗粒的质量与骨架实体所占体积之比，其值一般为 2～2.2g/cm^3。

颗粒密度：把微孔体积计算在内的单个颗粒的密度，一般为 0.9～1.2g/cm^3。

堆积密度：催化剂堆积时包括微孔体积和颗粒间的孔隙体积的密度，一般为 0.5～0.8g/cm^3。

对于微球状（粒径为 20～100μm）的分子筛催化剂，堆积密度又可分为松动状态、沉降状态和密实状态三种状态下的堆积密度。

催化剂的堆积密度常用于计算催化剂的体积和重量，催化剂的颗粒密度对催化剂的流化性能有重要的影响。

② 筛分组成和机械强度。流化床所用的催化剂是大小不同的混合颗粒。大小颗粒所占的百分数称为筛分组成或粒分布。微球催化剂的筛分组成是用气动筛分分析器测定的，流化催化裂化所用催化剂的粒度范围主要是 20～100μm 之间的颗粒，其对筛分组成的要求有三方面考虑：

a. 易于流化；

b. 气流夹带损失小；

c. 反应与传热面积大。

颗粒越小越易流化，表面积也越大，但气流夹带损失也会越大。一般称小于 40μm 的颗粒为“细粉”，大于 80μm 的为“粗粒”，粗粒与细粉含量的比称为“粗度系数”。粗度系数大时流化质量差，通常该值不大于 3。设备中平衡催化剂的细粉含量为 15%～20%时流化性能较好，在输送管路中的流动性也较好，能增大输送能力，并能改善再生性能，气流夹带损失也不太大，但小于 20μm 的颗粒过多时会使损失加大，粗粒多时流化性能变差，对设备的磨损也较大，因此对平衡催化剂希望其基本颗粒组分 40～80μm 的含量保持在 70%以上。

新鲜催化剂的筛分组成是由制造时的喷雾干燥条件决定的，一般变化不大，平均颗粒直径在 60μm 左右。

平衡催化剂的筛分组成主要决定于补充的新鲜催化剂的量和粒度组成与催化剂的耐磨性能和在设备中的流速等因素。一般工业装置中平衡催化剂的细粉与粗粒含量均较新鲜催化剂为少，这是由于有细粉跑损和有粗粒磨碎的缘故。

催化剂的机械强度用磨损指数表示。磨损指数是将大于 15μm 的混合颗粒经高速空气流冲击 100h 后，测经磨损生成小于 15μm 颗粒的质量分数，通常要求该值不大于 3%～5%。催化剂的机械强度过低，催化剂的耗损大，过高则设备磨损严重，应保持在一定范围内为好。

③ 结构特性。孔体积也就是孔隙度，它是多孔性催化剂颗粒内微孔的总体积，以 mL/g 表示。比表面积是微孔内外表面积的总和，以 m^2/g 表示。在使用中由于各种因素的作用，孔径会变大，孔体积减小，比表面积降低。新鲜 REY 分子筛催化剂的比表面积在 400～700m^2/g 之间，而平衡催化剂降到 120m^2/g 左右。

孔径是微孔的直径。硅酸铝（分子筛催化剂的载体）微孔的大小不一，通常是指平均直径，由孔体积与比表面积计算而得。公式如下：

$$孔径(nm)=4\times\frac{孔体积}{比表面积}\times 104$$

分子筛本身的孔径是一定的，X 型和 Y 型分子筛的孔径即八面沸石笼的窗口，只有 0.8～0.9nm，比无定形硅酸铝（新鲜的 5～8nm，平衡的 10nm 以上）小得多。孔径对气体分子的扩散有影响，孔径大分子进出微孔较容易。

分子筛催化剂的结构特性是分子筛与载体性能的综合体现。半合成分子筛催化剂由于在制备技术上有重大改进，致使这种催化剂具有大孔径、低比表面积、小孔体积、大堆积密度、结构稳定等特点，工业装置上使用时，活性、选择性、稳定性和再生性能都比较好，而且损失少并有一定的抗重金属污染能力。

（2）催化剂的使用性能

对裂化催化剂的评价，除要求一定的物理性能外，还需有一些与生产情况直接关联的指标，如活性、选择性、稳定性、再生性能及抗污染性能等。

① 活性。裂化催化剂对催化裂化反应的加速能力称为活性。活性的大小决定于催化剂的化学组成、晶胞结构、制备方法、物理性质等。活性是评价催化剂促进化学反应能力的重要指标。工业上有多种测定和表示方法，它们都是有条件性的。目前各国测定活性的方法都不统一，但是原则上都是取一种标准原料油，通过装在固定床中的待测定的催化剂，在一定的裂化条件下进行催化裂化反应，得到一定干点的汽油质量产率（包括汽油蒸馏损失的一部分）作为催化剂的活性。

目前普遍采用微活性法测定催化剂的活性。测定的条件如下。

反应温度：	460℃；	催化剂用量：	5g；
反应时间：	70s；	催化剂颗粒直径：	20～40 目；
剂油比：	3.2；	标准原料油：	大港原油 235～337℃馏分；
质量空速：	162h^{-1}；	原料油用量：	1.56g。

所得产物中的＜204℃汽油＋气体＋焦炭质量占总进料量的质量分数即为该催化剂的微活性。新鲜催化剂有比较高的活性，但是在使用时由于高温、积炭、水蒸气、重金属污染等影响后，使活性开始下降很快，以后缓慢下降。在生产装置中，为使活性保持在一个稳定的水平上以及补充生产中损失的部分催化剂，需补入一定量的新鲜催化剂，此时的活性称为平衡催化剂活性。

活性是催化剂最主要的使用指标，在一定体积的反应器中，催化剂装入量一定，活性越高，则处理原料油的量越大，若处理量相同，则所需的反应器体积可缩小。

② 选择性。在催化反应过程中，希望催化剂能有效地促进理想反应，抑制非理想反应，最大限度增加目的产品，所谓选择性是表示催化剂能增加目的产品（轻质油品）和改善产品质量的能力。活性高的催化剂，其选择性不一定好，所以不能单以活性高低来评价催化剂的

使用性能。

衡量选择性的指标很多，一般以增产汽油为标准，汽油产率越高，气体和焦炭产率越低，则催化剂的选择性越好。常以汽油产率与转化率之比或汽油产率与焦炭产率之比以及汽油产率与气体产率之比来表示。我国的催化裂化除生产汽油外，还希望多产柴油及气体烯烃，因此，也可以从这个角度来评价催化剂的选择性。

③ 稳定性。催化剂在使用过程中保持其活性的能力称稳定性。在催化裂化过程中，催化剂需反复经历反应和再生两个不同阶段，长期处于高温和水蒸气作用下，这就要求催化剂在苛刻的工作条件下，活性和选择性能长时间地维持在一定水平上。催化剂在高温和水蒸气的作用下，使物理性质发生变化、活性下降的现象称为老化。也就是说，催化剂耐高温和水蒸气老化的能力就是催化剂的稳定性。

在生产过程中，催化剂的活性和选择性都在不断地变化，这种变化分两种：一种是活性逐渐下降而选择性无明显的变化，这主要是由于高温和水蒸气的作用，使催化剂的微孔直径扩大，比表面减少而引起活性下降。对于这种情况，提出热稳定性和蒸气稳定性两种指标。另一种是活性下降的同时，选择性变差，这主要是由于重金属及含硫、含氮化合物等使催化剂发生中毒之故。

④ 再生性能。经过裂化反应后的催化剂，由于表面积炭覆盖了活性中心，而使裂化活性迅速下降，这种表面积炭可以在高温下用空气烧掉，使活性中心重新暴露而恢复活性，这一过程称为再生。催化剂的再生性能是指其表面积炭是否容易烧掉，这一性能在实际生产中有着重要的意义，因为一个工业催化裂化装置中，决定设备生产能力的关键往往是再生器的负荷。

若再生效果差，再生催化剂含炭量过高时，则会大大降低转化率，使汽油、气体、焦炭产率下降，且汽油的溴值上升，感应期下降，柴油的十六烷值上升而实际胶质下降。

再生速率与催化剂物理性质有密切关系，大孔径、小颗粒的催化剂有利于气体的扩散，使空气易于达到内表面，燃烧产物也易逸出，故有较高的再生速率。

对再生催化剂的含炭量的要求：早期的分子筛催化剂为0.2%～0.3%（质量分数），对目前使用的超稳型沸石催化剂则要求降低到0.05%～0.1%，甚至更低。

⑤ 抗污染性能。原料油中重金属（铁、铜、镍、钒等）、碱土金属（钠、钙、钾等）以及碱性氮化物对催化剂有污染能力。

重金属在催化剂表面上沉积会大大降低催化剂的活性和选择性，使汽油产率降低、气体和焦炭产率增加，尤其是裂化气体中的氢含量增加，C_3 和 C_4 的产率降低。重金属对催化剂的污染程度常用污染指数来表示：

$$污染指数=0.1(Fe+Cu+14Ni+4V)$$

式中，Fe、Cu、Ni、V分别为催化剂上铁、铜、镍、钒的含量，以mg/kg表示。新鲜硅酸铝催化剂的污染指数在75以下，平衡催化剂污染指数在150以下，均算作清洁催化剂，污染指数达到750时为污染催化剂，>900时为严重污染催化剂。但分子筛催化剂的污染指数达1000以上时，对产品的收率和质量尚无明显的影响，说明分子筛催化剂可以适应较宽的原料范围和性质较差的原料。

为防止重金属污染，一方面应控制原料油中重金属含量，另一方面可使用金属钝化剂（例如：三苯锑或二硫化磷酸锑）以抑制污染金属的活性。

三、典型催化裂化生产工艺

（一）工艺发展及装置类型

1. 工艺发展

1936年，世界上第一套固定床催化裂化工业化装置问世，揭开了催化裂化工艺发展的序幕。20世纪40年代，相继出现了移动床催化裂化装置和流化床催化裂化装置。流化催化裂化技术的持续发展是工艺改进和催化剂更新互相促进的结果。60年代中期，随着分子筛催化剂的研制成功，出现了提升管反应器，以适应分子筛的高活性。70年代以来，分子筛催化剂进一步向高活性、高耐磨、高抗污染的性能发展，还出现了如一氧化碳助燃剂、重金属钝化剂等助剂，使流化催化裂化从只能加工馏分油到可以加工重油，重油催化裂化装置的投用，迎来了催化裂化技术发展的新高潮。

通过多年的技术攻关和生产实践，我国掌握了原料高效雾化、重金属钝化、直连式提升管快速分离、催化剂多段汽提、催化剂预提升以及催化剂多种形式再生、内外取热、高温取热、富氧再生、新型多功能催化剂制备等一整套重油催化裂化技术，同时积累了丰富的操作经验。1998年，由石油化工科学研究院和北京设计院开发的大庆减压渣油催化裂化技术（VRFCC）就集成了富氧再生、旋流式快分（VQS）、DVR-1催化剂等多项新技术。

我国催化裂化还在不断发展，利用催化裂化工艺派生的“家族工艺”有多产低碳烯烃或高辛烷值汽油的DCC、ARGG、MIO等工艺以及降低催化裂化汽油烯烃含量的MIP、MGD和FDFCC等工艺。这些工艺不仅推动了催化裂化技术的进步，也不断满足了炼油厂新的产品结构和产品质量的需求。有的专利技术已出口到国外，如DCC工艺技术，受到国外同行的重视。

2. 装置类型

目前炼油厂普遍采用提升管催化裂化装置。提升管催化裂化装置有多种类型，按反应器（或沉降器）和再生器布置的相对位置的不同可分为两大类。

（1）并列式

并列式是将沉降器和再生器分开布置的并列式，又由于沉降器（或反应器）和再生器位置高低的不同而分为同高并列式和高低并列式（图6-4）两种。一般并列式装置采用内提升管反应器。

（2）同轴式

同轴式是将沉降器和再生器架叠在一起的同轴式。一般同轴式装置采用外提升管反应器如图6-5所示。

3. 两段提升管催化裂化工艺技术

（1）常规提升管与两段提升管反应器的区别

原料油预热后经喷嘴进入常规提升管反应器，与自再生器来的高温催化剂（LBO-16H降烯烃催化剂）接触后迅速汽化并反应，油气和催化剂沿提升管上行，反应时间约为3s。焦炭不断在反应过程中沉积于催化剂表面，使催化剂的活性及选择性急剧下降。研究表明，提升管出口处催化剂的活性只有初始活性的1/3左右，反应1s后活性下降50%左右，因此在提升管反应器的后半段，催化剂的性能很差，存在热反应和二次反应，对产品分布和操作带来不利影响。两段提升管反应器能及时且有选择性地用新再生催化剂更换已结焦的催化剂，使催化剂的平均活性及选择性大幅度提高，热反应得到抑制，产品质量获得改善，转化

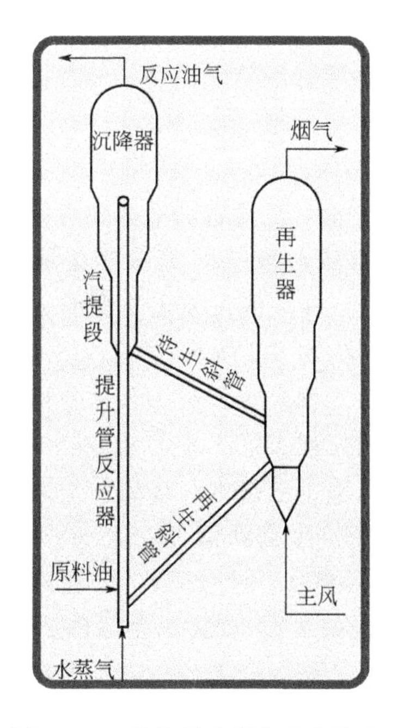

图 6-4　高低并列式催化裂化装置

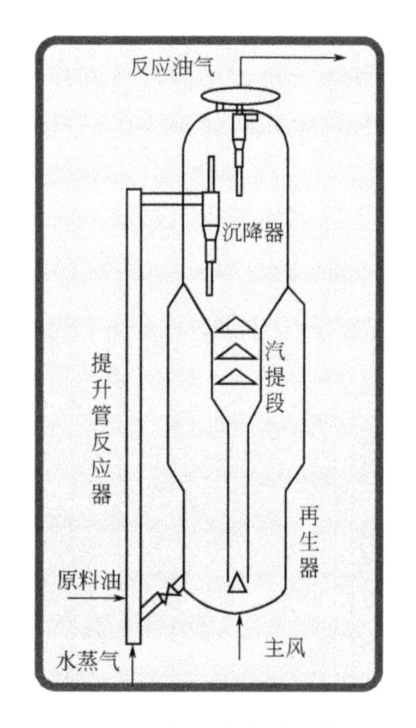

图 6-5　同轴式催化裂化装置

深度和轻油收率提高。两段提升管反应器的 m（柴油）/m（汽油）比单段提升管反应器大，原因为：首先，更换新催化剂后，活性中心的接触性显著提高，重油大分子可与活性中心充分接触，继续发生裂化反应生成柴油组分；其次，由于第二段所用催化剂的柴油选择性优于已结焦的单段催化剂，柴油组分发生过裂化反应的程度比单段小，所以柴油的二次裂化反应总速率比单段小。由于将裂化反应分为 2 个阶段且在段间更换新催化剂，催化剂的轻油选择性增强，热反应和二次反应减少，所以干气产率下降，轻质油产率增加。段间更换新催化剂还能使氢转移和异构化反应增强，在轻质产品收率提高的前提下，汽油的烯烃含量明显下降，辛烷值也能够维持在较高水平。

（2）提升管系统

将原提升管更换，第一段提升管内设置 4 个 CCK 高效雾化喷嘴，新增第二段提升管，内设 2 层喷嘴，下层为 2 个轻汽油高效雾化喷嘴，上层为 4 个 CCK 高效雾化回炼油和回炼油浆喷嘴。由于反应时间较短，为确保催化剂与原料油能够充分、迅速、均匀混合，第二段提升管底部预提升器采用新型高效预提升器。

图 6-6　两段提升管催化裂化试验装置

石油大学（华东）研究开发成功两段提升管催化裂化新工艺技术，见图 6-6。年加工能力 10 万吨催化装置工业试验显示，该项工艺技术可使装置处理能力提高 30%～40%，轻油收率提高 3%以上，液体产品收率提高 2%～3%，干气和焦炭产率明显降低，汽油烯烃含量降低 20%，催化柴油密度下降，十六烷值提高。据称，这是继分子筛催化剂和提升管催化裂化工艺技术出现以来的又一次催化裂化技术的重大创新。该技术的突出效果是，可改善产品结构，大幅度提高原料的转化深度，显著提高轻质油品收率，提高催化汽油质量，改善柴油质量，提高催化装置的柴汽比。

4. 灵活多效催化裂化工艺技术

灵活多效催化裂化工艺技术采用双提升管反应系统分别对重质石油馏分和劣质汽油进行催化改质，采用稀土超稳Y型多产柴油催化裂化催化剂CC-20-D，提高催化裂化装置的劣质重油掺炼比。工艺流程如图6-7所示。

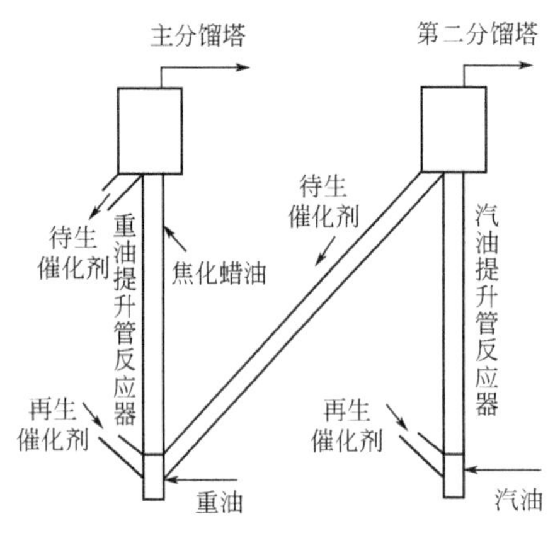

图6-7 灵活多效催化裂化工艺流程

由洛阳石化工程公司和清江石化公司共同承担的灵活多效催化裂化工艺工业化试验取得成功。试验表明，采用该项工艺技术与常规催化裂化工艺相比，催化汽油烯烃含量降低20%～30%（体积分数）、硫含量可降低15%～25%，研究法和马达法辛烷值可分别提高1%～2%，为国内石化企业清洁汽油生产开辟了一条新途径。洛阳石化工程公司炼制研究所经过实验室小试、中试，成功开发出以降低催化汽油烯烃含量、多产丙烯为目标的灵活多效催化裂化工艺技术。2002年4月在清江石化公司12万吨/年双提升管催化裂化装置上顺利完成第一阶级工业试验目标。不仅是对该项工艺技术性能指标的全面考核，而且也将为该项工艺技术的大型化工业装置工程设计提供可靠依据。

（二）工艺组成

催化裂化装置是最复杂的炼油工艺装置之一，一般由四个系统组成：反应-再生系统、分馏系统、吸收-稳定系统和能量回收系统。有的装置还包括汽油脱硫醇等产品精制部分。

1. 反应-再生系统

（1）主要作用

反应-再生系统是催化裂化装置的核心，其任务是使原料油通过反应器或提升管，与催化剂接触反应变成反应产物。反应产物送至分馏系统处理。反应过程中生成的焦炭沉积在催化剂上，催化剂不断进入再生器，用空气烧去焦炭，使催化剂得到再生。烧焦放出的热量，经再生催化剂转送至反应器或提升管，供反应时耗用。

（2）主要设备

包括三器（沉降器、反应器、再生器）、三机（主风机、气压机、增压机）、三阀（单动滑阀、双动滑阀、塞阀）以及内外取热器、催化剂罐等。

2. 分馏系统

（1）主要作用

是将来自反应系统的高温油气脱过热后，根据各组分沸点的不同切割为富气、汽油、柴油、回炼油和油浆等馏分，通过工艺因素控制，保证各馏分质量合格；同时可利用分馏塔各循环回流中高温位热能作为稳定系统各重沸器的热源。部分装置还合理利用了分馏塔顶油气的低温位热源。

富气经压缩后与粗汽油送到吸收稳定系统；柴油经碱洗或化学精制后作为调合组分或作为柴油加氢精制或加氢改质的原料送出装置；回炼油和油浆可返回反应系统进行裂化，也可将全部或部分油浆冷却后送出装置。

（2）主要设备

分馏塔、汽提塔、原料油缓冲罐、回炼油罐以及塔顶油气冷凝冷却设备、各中段循环回流及产品热量回收设备。

3. 吸收-稳定系统

（1）主要作用

将来自分馏系统的粗汽油和来自气压机的压缩富气分离成干气、合格的稳定汽油和液态烃。一般控制液态烃 C_2 以下组分不大于 2%（体积分数）、C_5 以上组分不大于 1.5%（体积分数）。

（2）主要设备

包括气压机、吸收塔、解吸塔、再吸收塔、稳定塔及相应的冷换设备。

4. 能量回收系统

（1）主要作用

是充分回收烟气中的压力能和热能，从而大幅度降低能量消耗和操作费用。

（2）主要设备

主风机、烟机、汽轮机等。

四、催化裂化安全与环保

催化裂化装置是炼油行业的重要二次加工生产装置之一。生产具有易燃易爆，有毒有害、高温高压、腐蚀性强、污染大等许多潜在危害因素，而且生产过程具有连续性，这给安全生产带来很大压力。因此，安全与环保工作在石油化工生产中具有非常重要的作用，是石油化工生产的前提和关键。

1. 安全术语

燃烧：燃烧是物质相互作用，同时有热和光发生的化学反应过程，在化学反应过程中，物质会改变原有的性质变成新的物质。

燃烧的三要素：可燃物质、助燃物质、点火能源，三要素必须同时存在。

可燃物：凡是能与空气中的氧或其他氧化剂起燃烧化学反应的物质称为可燃物。如汽油、柴油、天然气等。

助燃物：凡是与可燃物结合导致和支持燃烧的物质称为助燃物。如氧气。

引火源：凡是能引起物质燃烧的点燃能源，统称为引火源。如明火，高温，电火花，雷击等。

闪点：在一定温度下，易燃、可燃液体表面上的蒸气和空气的混合气与火焰接触时，能闪出火花，但随即熄灭，这种瞬间燃烧的过程叫闪燃。

闪燃点：液体能发生闪燃的最低温度叫闪燃点。

自燃点：可燃物质不需火源的直接作用就能发生自行燃烧的最低温度叫自燃点。

燃点：可燃物开始着火所需要的最低温度，叫燃点。

爆炸：物质由一种状态迅速变成另一种状态，并在瞬间以声、光、热机械功等形式放出大量能量的现象叫爆炸。

爆炸极限：可燃气体、蒸气或粉尘和空气构成混合物，并不是在任何浓度下遇火源都能燃烧爆炸，而只在一定的浓度范围内才能发生燃烧爆炸，这个浓度范围也称爆炸极限。

爆炸下限：在火源作用下，可燃气体、蒸气或粉尘在空气中，恰足以使火焰蔓延的最低浓度称为该可燃气体、蒸气或粉尘与空气构成混合物的爆炸下限。也称为燃烧下限。下限和上限之间的浓度称为爆炸极限。

爆炸上限：在火源作用下，可燃气体、蒸气或粉尘在空气中，恰足以使火焰蔓延的最高浓度称为该可燃气体、蒸气或粉尘与空气构成混合物的爆炸上限。也称为燃烧上限。下限和上限之间的浓度称为爆炸极限。

2. 危险化学品

主要危险化学品见表 6-9。

表 6-9　主要危险化学品

序号	名称	物态	危险性
1	重质油	液体	可燃、有毒
2	汽油	液体	易燃、有毒
3	柴油	液体	易燃、有毒
4	回炼油	液体	可燃、有毒
5	油浆	液体	可燃、有毒
6	干气	气体	易燃、有毒
7	液态烃	气体	易燃、有毒
8	硫化氢	气体	易燃、有毒
9	烟气	气体	易燃、有毒

3. 危害性分析

(1) 火灾危险性分析

工艺装置存有众多点火源（或潜在的点火源），如明火、高温表面、电气火花、静电火花、冲击和摩擦及自燃等，这样由于存在有释放源和点火源，当它们在同一地点同时出现时就会产生爆炸或火灾。工艺装置火灾危险性类别见表 6-10。

表 6-10　工艺装置火灾危险性类别

名称	火灾危险性类别	灭火方法	备注
工艺装置	甲	蒸汽、干粉	

(2) 爆炸危险性分析

根据装置、罐区和其他设施爆炸性气体混合物出现的频繁程度和持续时间进行分区，大部分为爆炸危险区域 2 区。

(3) 中毒危险分析

生产中的原料、半成品、产品中的烃类物质具有低毒性，其蒸气经呼吸道进入人体可麻醉神经系统和引起肠功能的紊乱，操作人员长期接触高浓度油气，可产生头昏、头疼、睡眠障碍。

(4) 噪声危害分析

噪声主要来源为各生产装置及公用工程的泵类、主风机、增压机、气压机、换热器及各种管线放空等设备，高噪声区主要为装置区和空压站。

(5) 烫伤危险分析

装置工艺介质和部分设备温度较高，作业人员一旦接触会可能被烫伤。使用的蒸汽一旦泄漏喷出也会烫伤在场的作业人员。

(6) 窒息危险分析

人员进入塔、罐或炉内作业时，有可能因缺氧，发生人员缺氧窒息事故。

(7) 触电危险分析

装置在工程建设时期和装置投产大检修或抢修时，会使用临时电源，会由于电缆绝缘不良，或电气设备漏电，或电脱盐罐上部电气部位都有可能发生触电事故。

4. 环境保护

污染物类型和主要排放部位见表6-11。

表6-11 污染物类型和主要排放部位

污染物	排放部位
废水	机泵冷却水
	产汽系统脱硫污水
	分馏塔顶油气分离器，气压机出口油气分离器等产生的酸性水
废气	催化剂再生燃烧排放含 SO_x、NO_x、粉尘的废气
	设备油气泄漏
	安全阀起跳油气排入火炬
废渣	废催化剂处理
	检修机泵废弃物及清容器(塔、罐)废弃物

五、典型催化裂化装置实例

本部分以某石化公司的催化裂化装置为例进行阐述。

1. 原料与产品

该装置加工能力35万吨/年，年开工数8000h。原料是常压渣油，产品有稳定汽油、轻柴油、液化气和干气。原料和产品见表6-12。

表6-12 原料和产品

名称		产率(质量分数)/%	产能/(万吨/年)	火灾危险类别
原料	常压渣油	100	35	丙类
产品	干气	3.55	1.24	甲类
	液化气	15.2	5.32	甲类
	汽油	47.2	16.52	甲类
	柴油	21.3	7.46	乙类
	油浆	4.05	1.42	丙类
	损失	1	0.35	
	烧焦	7.7	2.69	

2. 工艺与组成

(1) 工艺路线

参照目前国内外催化裂化工艺的现状与发展，根据所加工的原料特点，本装置采用FD-

FCC工艺路线，是同轴提升管式催化裂化装置。

（2）装置组成

本装置主要由反应-再生系统、分馏系统、吸收-稳定系统、能量回收系统组成，同时还配有产品精制系统。

（3）主要设备

主要设备见表6-13。

表6-13 主要设备

工艺系统	名称	编号	介质
反应-再生	提升管反应器	R401A	渣油、催化剂、蒸汽
	沉降器	R401B	油气、催化剂
	再生器	R401C	烟气、催化剂
	外取热器	R402	催化剂、烟气、饱和蒸汽、水
	汽包	V413	水蒸气
	辅助燃烧室	F401	燃料油、空气
	催化剂储罐	V402	催化剂
分馏	分馏塔	T401	油气
	柴油汽提塔	T402	柴油
	燃料油罐	V403	柴油
	重汽油罐	V404	汽油
	轻汽油罐	V405	汽油
	顶循脱水罐	V406	汽油
	原料罐	V410	渣油
	回炼油罐	V411	回炼油
吸收-稳定	吸收塔	T403	油气
	解析塔	T404	油气
	稳定塔	T405	油气
	再吸收塔	T406	油气
	凝缩油罐	V407	汽油
	液态烃罐	V408	液化气

3. 安全与环保

（1）危险化学品

装置中主要危险化学品见表6-9。

（2）危害性分析

装置危险性与风险点见表6-14。

表6-14 装置危险性与风险点

序号	危险性	风险点
1	火灾爆炸	塔、罐
2	中毒窒息	泵房、地沟、酸性水

续表

序号	危险性	风险点
3	噪声伤害	压缩机房、泵房
4	机械伤害	各泵房、压缩机房、风机操作室内转动设备
5	触电事故	配电室、区域配电、各机泵房
6	灼烫伤	装置区高温管线、蒸汽等
7	高处坠落	塔顶、平台顶、操作间灯具安装
8	淹溺	碱罐
9	车辆伤害	装置区内机动车、手推车

(3) 环境保护

废水：装置正常生产中排放出的含硫污水，通过管线直接送到净化车间统一处理。

废气：包括装置所排废气，主要是催化剂再生烧焦时产生的烟气，其中所含 CO、CO_2、氮氧化合物、催化剂粉尘均属有害物质。

废催化剂：装置经四级旋风分离器分离出的废催化剂细粉，由专门设计的槽车卸走送出厂区，由工厂统一安排在合适的指定地点埋于地下，废弃的催化剂细粉是无害的。

学一学 什么是 6S 管理

6S 关系如图 6-8 所示。

1. 整理（Seiri）

定义：区分要与不要的东西，在岗位上只放置适量的必需品，其他一切都不放置。

目的：腾出空间，防止误用。

2. 整顿（Seiton）

定义：整顿现场次序，将需要的东西加以定位放置并且加以标示（并且保持在需要的时候能立即取出的状态），这是提高效率的基础。

目的：腾出时间，减少寻找时间，创造井井有条的工作秩序。

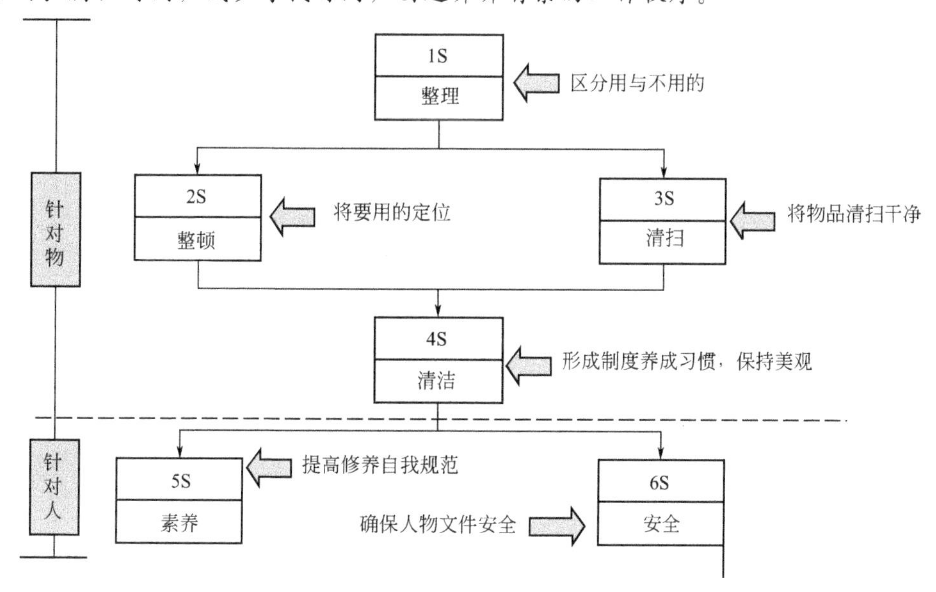

图 6-8 6S 关系图

3. 清扫（Seiso）

定义：将岗位变得干净整洁，设备保养得铮亮完好，创造一个一尘不染的环境。

目的：消除“污脏”，保持现场干净明亮。

4. 清洁（Seiketsu）

定义：也称规范，将前3S进行到底，并且规范化、制度化。

目的：形成制度和惯例，维持前3个S的成果。

5. 素养（Shitsuke）

定义：建立并形成良好的习惯与意识，从根本上提升人员的素养。

目的：提升员工修养，培养良好素质，提升团队精神，实现员工的自我规范。

6. 安全（Safety）

定义：人人有安全意识，人人按安全操作规程作业。

目的：凸显安全隐患，减少人身伤害和经济损失。

项目七　催化裂化工艺原理及流程

现有的催化裂化装置多采用提升管式催化裂化工艺，一般由反应-再生系统、分馏系统和吸收-稳定系统构成，并设置对应工艺岗位（反应岗位、分馏岗位和稳定岗）。

本节以某石化公司的催化裂化装置为例介绍装置操作。

一、反应-再生系统

反应-再生系统是催化裂化装置的核心组成部分，主要任务是完成重质油的化学反应和催化剂的再生，一般包括新鲜进料预热系统、反应部分、再生部分、催化剂储存和输送部分、主风和再生烟气部分及其他辅助部分。

(一) 工艺原理

1. 催化裂化反应类型

反应系统是在一定的温度、压力和催化剂作用下，重质油发生一系列化学反应（主要有裂化、异构化、氢转移、芳构化、缩合等反应）。一方面发生分解反应生成气体、汽油等小分子产物；另一方面同时发生缩合反应生成焦炭，沉积在催化剂表面，使催化剂活性下降。

催化裂化反应的机理是碳正离子机理，烃类分子 C—H 键的异极断裂可以生成碳正离子。

$$-\overset{|}{\underset{|}{C}}-H \longrightarrow -\overset{+}{\underset{|}{C}}- + H^{-} \quad -E^{+}$$

生成碳正离子所需的能量 E^{+}，包括电离能、氢与烷基的电子亲和力以及 C—H 键的离解能。E^{+} 随着被抽取负氢离子的碳原子上氢原子的数目增多而增加。而碳正离子的稳定性随 E^{+} 的增加而下降：叔碳＞仲碳＞伯碳＞甲基。

（1）裂化

裂化反应主要是 C—C 键的断裂，属吸热反应，温度越高反应速率越快，是催化裂化过程的最主要反应类型之一。同类烃其分子量越大，反应速率越快，而对于相同碳原子数的烃类，则烯烃最易发生裂化反应，其次为环烷烃、异构烷烃、带长侧链芳烃（侧链裂化）、正构烷烃、芳烃（芳环一般不发生裂化）。在催化裂化操作条件下，可能发生以下几类裂化反应：

① 烷烃（正构烷及异构烷）裂化生成烯烃及较小分子的烷烃。

$$C_nH_{2n+2} \longrightarrow C_mH_{2m} + C_pH_{2p+2}$$

② 烯烃（正构烯及异构烯）裂化生成两个较小分子的烯烃。

$$C_nH_{2n} \longrightarrow C_mH_{2m} + C_pH_{2p}$$

③ 烷基芳烃脱烷基。

$$ArC_nH_{2n+1} \longrightarrow ArH + C_nH_{2n}$$

④ 烷基芳烃的烷基侧链断裂。

$$ArC_nH_{2n+1} \longrightarrow ArC_mH_{2m-1} + C_pH_{2p+2}$$

⑤ 环烷烃裂化生成烯烃。

$$C_nH_{2n} \longrightarrow C_mH_{2m} + C_pH_{2p}$$

（2）异构化

异构化反应是催化裂化的重要反应，根据催化裂化碳正离子反应机理，其异构化通过碳正离子上的氢原子和碳原子的变位重排并实现烃分子的异构。氢原子的变位导致烯烃的双键异构化，氢变位加上甲基变位则形成骨架异构化。异构化过程的反应热很少，总体上表现为放热过程。同时异构烷烃具有较高的 MON 与 RON，因此，在当前对汽油烯烃含量控制要求日益严格的情况下，尽可能提高烃分子的异构化水平是维持汽油辛烷值的一个重要方面。烯烃异构化有双键转移及链异构化，如：

$$CH_2 = CH - CH_2 - CH_3 \longrightarrow CH_3 - CH = CH_2 - CH_3$$

（3）氢转移

氢转移反应是催化裂化特有的反应，属双分子放热反应。氢转移主要发生在有烯烃参与的反应，烯烃接受一个质子形成碳正离子开始。此碳正离子从“供氢”分子中抽取一个负氢离子生成一个烷烃，供氢分子则形成一个新的碳正离子并继续反应。氢转移的结果生成富氢的饱和烃及缺氢的产物。烯烃作为反应物的典型氢转移反应有烯烃与环烷、烯烃之间、环烯之间及烯烃与焦炭前身的反应。

随着对汽油烯烃含量控制的日益严格，常规催化裂化装置以往被广泛采用的高温短接触时间工艺已难以满足新形势下的汽油质量控制要求。氢转移反应是实现裂化产物由烯烃转化为饱和烃的最主要手段，而选择合理的工艺工程设计、催化剂活性配比及操作参数，对于降低汽油烯烃具有决定性影响。

（4）环化反应

烯烃生成碳正离子后，可继续环化生成环烷烃及芳烃，该反应也是催化裂化的重要反应之一，属放热反应。对于采用 MIP 工艺技术的装置，由于其反应时间较长、催化剂异构化能力较高等因素，催化汽油的芳烃含量较常规催化裂化装置高，一般在 20%以上。

（5）其他反应

烷基转移：主要指一个芳环上的烷基取代基转移到另一个芳烃分子上去。

缩合：有新的 C—C 键生成的分子量增加的反应，主要在烯烃与烯烃、烯烃与芳烃及芳烃与芳烃之间进行。由于多环芳烃碳正离子很稳定，在终止反应前会在催化剂表面上继续增大，最终生成焦炭。

烷基化：裂化反应的逆反应。烷基化是烷烃与烯烃之间的反应，芳烃与烯烃之间也可以发生。

2. 催化裂化反应特点

（1）烃类催化裂化是一个气-固非均相反应

原料进入反应器首先汽化成气态，然后，在催化剂表面上进行反应。

反应步骤：

① 原料分子自主气流中向催化剂扩散；

② 接近催化剂的原料分子向微孔内表面扩散；

③ 靠近催化剂表面的原料分子被催化剂吸附；

④ 被吸附的分子在催化剂的作用下进行化学反应；

⑤ 生成的产品分子从催化剂上脱附下来；

⑥ 脱附下来的产品分子从微孔内向外扩散；

⑦ 产品分子从催化剂外表面再扩散到主气流中，然后离开反应器。

对于碳原予数相同的各类烃，它们被吸附的顺序为：

稠环芳烃＞稠环环烷烃＞烯烃＞单烷基侧链的单环芳烃＞环烷烃＞烷烃

同类烃则分子量越大越容易被吸附。

化学反应速率的顺序：

烯烃＞大分子单烷基侧链的单环芳烃＞异构烷烃与烷基环烷烃＞小分子单烷基侧链的单环芳烃＞正构烷烃＞稠环芳烃

综合上述两个排列顺序可知，石油馏分中的芳烃虽然吸附能力强，但反应能力弱，它首先吸附在催化剂表面上占据了相当的表面积，阻碍了其他烃类的吸附和反应，使整个石油馏分的反应速率变慢。对于烷烃，虽然反应速率快，但吸附能力弱，从而对原料反应的总效应不利。从而可得出结论：环烷烃有一定的吸附能力，又具有适宜的反应速率，因此可以认为，富含环烷烃的石油馏分应是催化裂化的理想原料，然而，实际生产中，这类原料并不多见。

（2）石油馏分的催化裂化反应是复杂的平行-顺序反应

平行-顺序反应，即原料在裂化时，同时朝着几个方向进行反应，这种反应叫做平行反应。同时随着反应深度的增加，中间产物又会继续反应，这种反应叫做顺序反应。所以原料油可直接裂化为汽油或气体，汽油又可进一步裂化生成气体，如图 7-1 所示。

平行顺序反应的一个重要特点是反应深度对产品产率的分布有着重要影响。如图 7-2 所示，随着反应时间的增长，转化深度的增加，最终产物气体和焦炭的产率会一直增加，而汽油、柴油等中间产物的产率会在开始时增加，经过一个最高阶段而又下降。这是因为达到一定反应深度后，再加深反应，中间产物将会进一步分解成为更轻的馏分，其分解速率高于生成速率。习惯上称初次反应产物再继续进行的反应为二次反应。

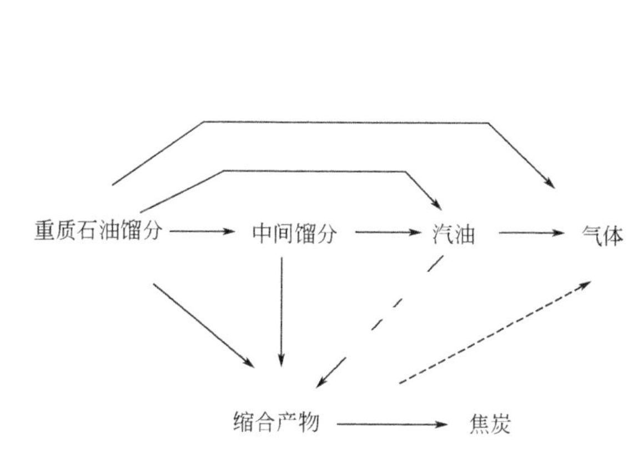

图 7-1 石油馏分的催化裂化反应
（虚线表示不重要的反应）

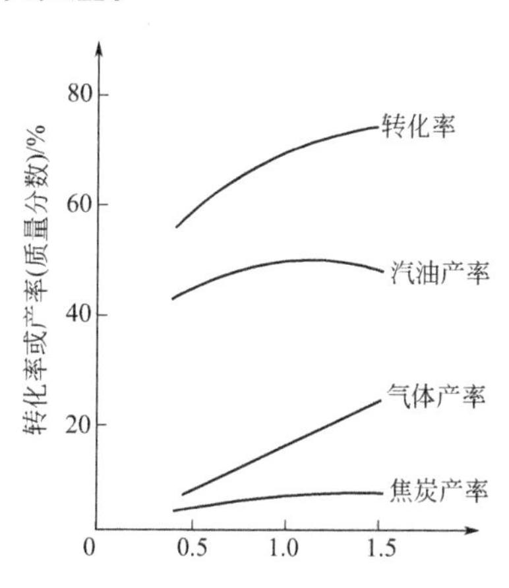

图 7-2 某馏分催化裂化的结果

催化裂化的二次反应是多种多样的，有些二次反应是有利的，有些则不利。例如，烯烃和环烷烃氢转移生成稳定的烷烃和芳烃是所希望的，中间馏分缩合生成焦炭则是不希望的。因此在催化裂化工业生产中，对二次反应进行有效的控制是必要的。另外，要根据原料的特点选择合适的转化率，这一转化率应选择在汽油产率最高点附近。如果希望有更多的原料转化成产品，则应将反应产物中的沸程与原料油沸程相似的馏分与新鲜原料混合，重新返回反应器进一步反应。这里所说的沸点范围与原料相当的那一部分馏分，工业上称为回炼油或循环油。

3．再生系统

再生系统是吹入空气烧去催化剂表面的焦炭，恢复催化剂的活性，并提供反应所需的热量。

（1）焦炭的组成

催化剂上的焦炭来源于四个方面：

① 在酸性中心上由催化裂化反应生成的焦炭；

② 由原料中高沸点、高碱性化合物在催化剂表面吸附，经过缩合反应生成的焦炭；

③ 因汽提段汽提不完全而残留在催化剂上的重质烃类，是一种富氢焦炭；

④ 由于镍、钒等重金属沉积在催化剂表面上造成催化剂中毒，促使脱氢和缩合反应的加剧，而产生的次生焦炭；或者是由于催化剂的活性中心被堵塞和中和，所导致的过度热裂化反应所生成的焦炭。

上述四种来源的焦炭通常被分别称为催化焦、附加焦（也称为原料焦）、剂油比焦（也称为可汽提焦）和污染焦。催化裂化装置因加工的原料、催化剂种类和生产工艺条件不同，焦炭的组成也不同。对于蜡油催化裂化，其焦炭以催化焦为主；对于重油催化裂化，随着渣油掺炼比例的增大，原料焦和污染焦（以及液焦）增多。

（2）焦炭燃烧的化学反应

催化剂上所沉积的焦炭其主要成分是碳和氢。氢含量的多少随所用催化剂及操作条件的不同而异。当使用低铝催化剂且操作条件缓和的情况下，氢含量为13%～14%，在使用高活性的分子筛催化剂且操作苛刻时氢含量为5%～6%。焦中除碳、氢外还有少量的硫和氮，其含量取决于原料中硫、氮化合物的多少。

催化剂再生反应就是用空气中的氧烧去沉积的焦炭。再生反应的产物是CO_2、CO和H_2O。一般情况下，再生烟气中的CO_2/CO的比值在1.1～1.3。在高温再生或使用CO助燃剂时，此比值可以提高，甚至可使烟气中的CO几乎全部转化为CO_2。再生烟气中还含有SO_x（SO_2、SO_3）和NO_x（NO、NO_2）。由于焦炭本身是许多种化合物的混合物，主要是由碳和氢组成，故可以写成以下反应式：

$$C+O_2 \longrightarrow CO_2+33873\text{kJ}/(\text{kg}\cdot\text{C})$$

$$C+\frac{1}{2}O_2 \longrightarrow CO+10258\text{kJ}/(\text{kg}\cdot\text{C})$$

$$H_2+\frac{1}{2}O_2 \longrightarrow H_2O+119890\text{kJ}/(\text{kg}\cdot\text{h})$$

通常氢的燃烧速率比碳快得多，当碳烧掉10%时，氢已烧掉一半，当碳烧掉一半时，氢已烧掉90%。因此，碳的燃烧速率是确定再生能力的决定因素。

上面三个反应的反应热差别很大，因此，每千克焦炭的燃烧热因焦炭的组成及生成的CO_2/CO的比不同而异。在非完全再生的条件下，一般每千克焦炭的燃烧热在32000kJ左右。再生时需要供给大量的空气（主风），在一般工业条件下，每千克焦炭需要耗主风为9～12m^3（标）。

从以上反应式计算出焦炭燃烧热并不是全部都可以利用，其中应扣除焦炭的脱附热。脱附热可按下式计算：

焦炭的脱附热＝焦炭的吸附热＝焦炭的燃烧热×11.5%

因此，烧焦时可利用的有效热量只有燃烧热的88.5%。

（二）工艺流程

1.流程说明

来自装置外的常压渣油进入原料罐（V410），再由原料油泵升压后，经常渣-油浆换热器换热（E436）升温至200℃左右，与来自分馏部分的回炼油、回炼油浆（正常操作不需要回炼）混合后，经原料油雾化喷嘴进入提升管反应器（R401A）下部，与来自再生器的高温催化剂接触，完成原料的升温、汽化及反应。

反应产生的油气和催化剂、蒸汽混合在一起。反应后的油气携带着催化剂经提升管出口粗旋分离催化剂后进入沉降器（R401B），再经单级旋风分离器进一步除去携带的催化剂细粉后离开沉降器，经集气室进入分馏塔的下部；积炭的待生催化剂经沉降器粗旋料腿进入汽提段，在此与汽提蒸汽逆流接触，以汽提催化剂中所携带的油气。

汽提后的催化剂经待生立管、塞阀、内套筒进入再生器（R401C）密相床层进行流化烧焦。从主风机来的主风，经辅助燃烧室（F401）进入再生器，与通过塞阀、内套筒出来的待生催化剂逆流接触流化烧焦。烧焦再生后的催化剂经淹流斗、再生斜管及单动滑阀进入提升管反应器，经预提升蒸汽流化提升后与经喷嘴雾化的原料油接触，进行裂化反应，从而实现连续的反应-再生流化工艺流程。

再生产生的烟气经二级旋风分离器分离催化剂后，进入烟气轮机膨胀做功，驱动主风机从烟气轮机出来的烟气，然后进入余热锅炉进一步回收烟气的热能。

再生器多余热量由外取热器（R402）取出，热催化剂自再生器密相进入外取热器，冷催化剂返回到分布管上方。

开工用催化剂储于冷、热催化剂罐（V402）中，用压缩空气将其送到再生器。正常补充催化剂由小型加料设施将其送到再生器。袋装CO助燃剂由加料罐经小型加料系统由压缩风送入再生器。

2.流程图

反应-再生系统工艺流程如图7-3所示。

（三）操作条件

反应-再生系统主要操作条件如表7-1所示。

表7-1　反应-再生系统主要操作条件

序号	项目	单位	指标	备注
1	反应温度	℃	516±2	
2	反应压力	MPa	0.197±0.005	
3	再生温度	℃	≤705±5	
4	再生顶压力	MPa	0.245±0.003	
5	汽提段藏量	t	80±5	
6	原料预热温度	℃	200±3	

（四）工艺操作控制

反应-再生系统工艺控制如图7-4所示。

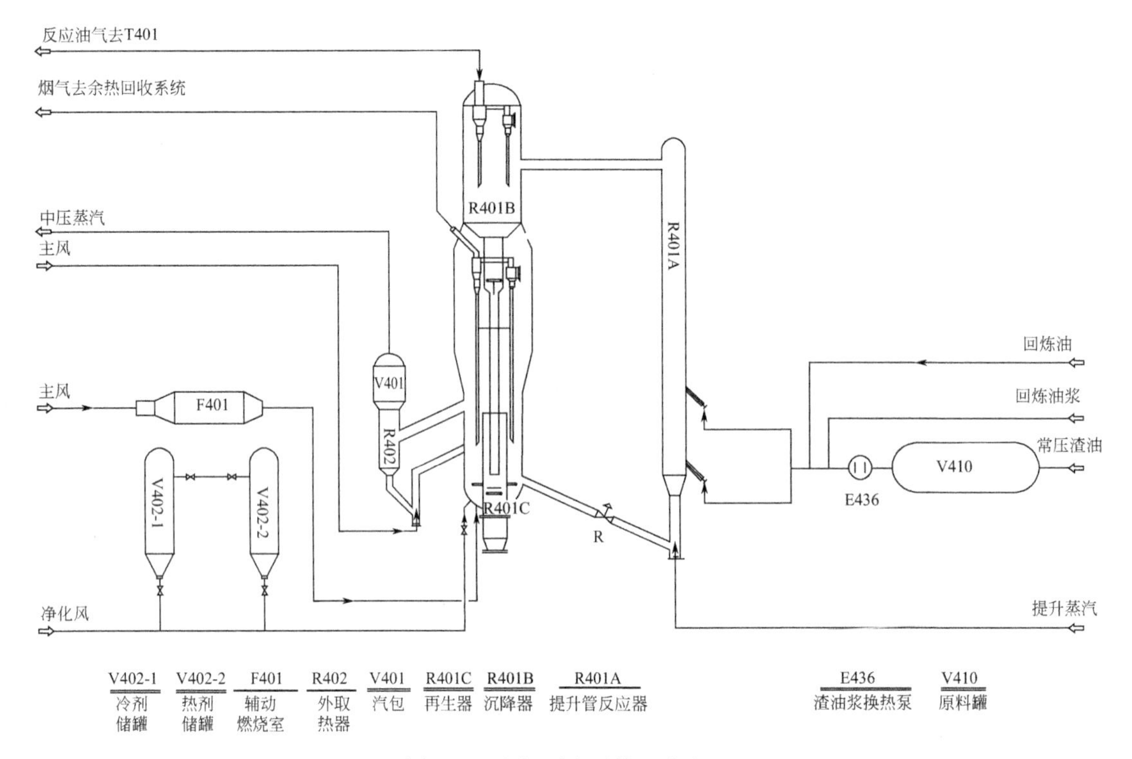

图 7-3　反应-再生系统工艺流程

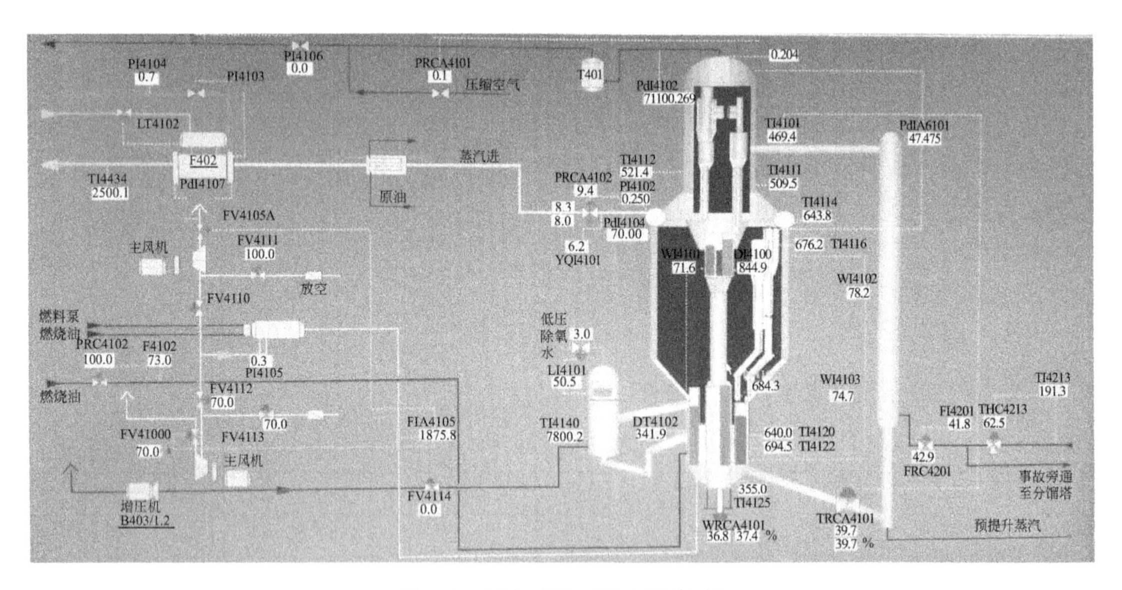

图 7-4　反应-再生系统工艺控制

1. 反应温度

提升管装置反应温度指提升管出口温度。反应温度是催化裂化过程一个至关重要的独立变量，是生产中主要控制参数，对反应速率、产品收率及产品质量影响很大。一般来说，反应温度每升高 10℃，反应速率提高 30%。反应温度升高（等转化率下），焦炭产率下降，$C_1^+C_2$ 产率增加，可大幅度提高液化石油气中烯烃产率和汽油辛烷值。反应温度主要是通过改变再生单动滑阀（或再生塞阀）开度，调节再生催化剂的循环量来控制。

控制范围：514～518℃。

相关参数：进料量；进料温度；催化剂循环量；再生温度等。

正常调整：调整方法见表 7-2。

表 7-2　反应温度调整方法

影响因素	调整方法
催化剂循环量	调节再生滑阀开度，必要时改手动
提升管总进料量	调稳原料油、回炼油、油浆各进料量
进料温度	调节原料预热温度或回炼油、回炼油浆量
再生床温	查清原因调节
进提升管蒸汽量	平衡系统蒸汽压力，调节有关蒸汽量
进料组分	及时判断处理
原料油带水	及时联系罐区切水或联系调度换罐
反应终止剂量	调稳终止剂量
两器差压	平衡系统压力，必要时改手动调整
再生滑阀调节不灵敏	联系仪表处理或改手动调整
沉降器汽提蒸汽量	调稳汽提蒸汽量

2. 反应压力

反应压力是指沉降器顶压力，是生产中主要控制参数。对装置产品分布、平稳操作、安全运行有直接影响。降低反应压力，可降低生焦率、增加汽油产率，汽油和气体中烯烃含量增加，汽油辛烷值提高。反应、分馏、吸收稳定是一个相互关联的大系统，反应压力变化影响分馏、吸收稳定系统操作。反应压力还直接影响反应-再生系统压力平衡，大幅度波动会引起装置操作紊乱，并可能会引起催化剂倒流等事故。

重油催化裂化装置一般将压力检测点设在分馏塔顶，正常操作反应压力仅作为指示。反应压力控制手段有分馏塔顶油气管道蝶阀、富气压缩机转数、反飞动阀、压缩机入口放火炬阀等，根据装置的不同阶段加以选择控制。

控制范围：0.09～0.11MPa/0.20～0.25MPa（停/开烟机）。

相关参数：分馏塔顶压力；气压机入口压力；进料量；反应温度等。

正常调整：调整方法见表 7-3。

表 7-3　反应压力调整方法

影响因素	调整方法
分馏塔顶蝶阀开度	调节油气蝶阀，必要时改手动
总蒸汽压力	调节总蒸汽压力
汽提蒸汽量、入提升管蒸汽量	调节汽提蒸汽量、入提升管的蒸汽量
总进料量	调稳总进料量
反应深度	及时调节气压机，分馏等后部操作
气压机压缩能力或故障	调节生产负荷，停气压机，用富气放火炬控制富气压力
原料带水	降进料量，联系罐区切水或换原料油罐
仪表失灵	联系仪表处理

3. 再生温度

再生温度是影响烧焦速率的重要因素，提高再生温度可大幅度提高烧焦速率，是降低再生催化剂含炭的重要手段。再生温度也是影响催化剂失活和剂油比的主要因素，再生温度过高催化剂失活加快、剂油比减小、反应条件难于优化。再生温度还是两器热平衡的体现，正常运行的装置热量不足时再生温度降低，热量过剩则再生温度升高。一般调节外取热器取热量控制再生温度。

控制范围：再生密相温度≤710℃，再生稀相温度≤730℃。

相关参数：外取热提升风开度；进料量；原料组成；主风量；催化剂循环量等。

正常调整：调整方法见表7-4。

表7-4 再生温度调整方法

影响因素	调整方法
催化剂循环量	调整待生塞阀和再生滑阀开度
反应深度	调节再生温度、主风量等各参数，使两器重新达热平衡
燃烧油量和主风量	调节燃烧油量和主风量
汽提蒸汽量	调节汽提蒸汽量
反应进料量	视需热量增减，调节再生有关操作参数
再生床层藏量	调节塞阀、单动滑阀开度，平稳再生藏量
小型加料速度	调节控制加料速度
催化剂重金属中毒	根据有关指示、启用钝化剂系统，或加卸剂
外取热器运行情况	调节并平稳外取热器催化剂循环取热量

4. 再生压力

再生器与反应器是一个相互关联的系统，再生压力是影响两器压力平衡的重要参数。同时烧焦速率与再生烟气氧分压成正比，氧分压是再生压力与再生烟气氧分子浓度的乘积，所以提高再生压力可提高烧焦速率。再生器压力大幅度波动直接影响再生效果及催化剂跑损，也将影响到装置的安全运行。一般采用双动滑阀和烟机入口蝶阀分程控制。

控制范围：0.120～0.140MPa/0.24～0.25MPa（停/开烟机）。

相关参数：双动滑阀开度；烟机入口蝶阀开度；烟机入口压力。

正常调整：调整方法见表7-5。

表7-5 再生压力调整方法

影响因素	调整方法
双动滑阀开度	调节双动滑阀开度，必要时改手动操作
主风压力、流量	调节主风压控、主风流量
燃烧油量变化或燃烧油带水	加强柴油储罐脱水，缓慢调节燃烧油量
待生催化剂带油	调节操作，增大汽提蒸汽量
增压风	调节输送风和流化风
主风机、增压机主、备机切换	开停机，主备机切换时尽量平稳
仪表失灵	联系仪表处理

5. 汽提段藏量

汽提段藏量的高低决定了催化剂汽提时间的长短，因此控制合理的汽提段藏量对降低催化剂可汽提碳是十分必要的，同时汽提段内催化剂同待生立管内催化剂一起构成了待生线路的料封，对控制两器压力平衡、防止催化剂倒流起着至关重要的作用。正常情况下，汽提段藏量通过调节待生塞阀开度来控制。

控制范围：75%～85%。

相关参数：汽提段密度；再生器藏量。

正常调整：调整方法见表7-6。

表7-6　汽提段藏量调整方法

影响因素	调整方法
两器差压	调节两器差压，使之恒定
汽提蒸汽量	调节汽提蒸汽量，松动蒸汽(风)量
再生器藏量	调节待生塞阀开度
待生塞阀开度	调节再生滑阀，保持一定的循环量，必要时加卸剂
再生滑阀开度	调节再生滑阀开度
阀门、仪表失灵	改自动为手动或手摇操作，联系仪表或机修处理
套筒增压风压力、流量	控制平稳增压风压力、流量

6. 催化剂循环量

催化剂循环量是反应-再生系统的一个重要变量，它的变化直接影响到剂油比的变化进而影响到反应深度，同时影响到催化剂汽提、再生时间进而对催化剂定炭产生影响。正常情况下，催化剂循环量通过改变单动滑阀和待生塞阀开度来调节，进而控制反应温度和汽提段藏量。

控制范围：在操作中尽可能控制较大的催化剂循环量，以提高剂油比。

相关参数：再生滑阀开度；塞阀开度；再生温度；原料预热温度；反应温度及进料量。

正常调整：调整方法见表7-7。

表7-7　催化剂循环量调整方法

影响因素	调整方法
再生单动滑阀、塞阀开度	调节再生单动滑阀开度，进而控制反应温度
两器压力(压差)	调节再生滑阀开度，控制平稳两器差压
预提升蒸汽量	调节合适的预提升蒸汽量
增压风压力或风量	调节套筒增压风量和输送风量
进料量	分多次缓慢调节进料量至平稳，相应调节循环量等参数
再生温度	调节循环量，控制平稳再生温度

(五) 异常工况

1. 炭堆积

炭堆积处理方法见表7-8。

表 7-8　炭堆积处理方法

现象	原因	处理方法
①氧含量下降至零 ②再生器床温下降，稀密相温差减小 ③再生器分布管压降、旋风分离器压降及入口浓度增大 ④待生催化剂及再生催化剂含碳量大幅度上升，颜色变黑，严重时发亮，系统藏量上升 ⑤反应深度下降，富气、汽油量减小，回炼油罐及分馏塔底液位上升 ⑥严重时再生器烟囱冒黄烟	①总进料量突然增大，原料变重，残炭高，调节不及时 ②反应深度过大，反应温度高，生焦量大 ③催化剂活性过高，生焦量大 ④反应温度太低，汽提蒸汽量小，造成待生剂带油 ⑤主风量小 ⑥再生器燃烧油喷入过猛且量过大 ⑦氧含量表失灵未及时发现 ⑧再生器床温过低，造成烧焦不良	①降低进料量、回炼油量，降低反应深度，减少生焦 ②观察再生器床温及氧含量表。调节主风量。控制烧焦速度，避免床温上升过快，引起超温损坏设备 ③随着烧焦量的减少，主风量增大，过剩氧含量上升，床温若逐渐降低，证明烧焦结束 ④向再生器喷燃烧油，控制床温 ⑤各参数调整正常后，缓慢提处理量，恢复正常 ⑥若上述措施还不能降低再生催化剂含碳量，切断进料，进行两器流化烧焦 ⑦处理过程中严防二次燃烧

2. 催化剂倒流

催化剂倒流处理方法见表 7-9。

表 7-9　催化剂倒流处理方法

现象	原因	处理方法
①再生温度升高，反应温度降低 ②藏量，密度下降 ③再生压力升高，再生烟囱冒黄烟	①反应压力升高，再生压力下降 ②反应进料量猛然增多 ③再生塞阀吹扫再生立管松动、流化蒸汽、预提升蒸汽量，喷嘴雾化蒸汽量突然增加	①降反应压力，提再生压力 ②控稳两器压差和两器藏量 ③降反应进料量 ④调节吹扫、流化、预提升、雾化蒸汽量。严重时，切断进料；切断两器，根据再生温度调节主风量

3. 待生催化剂带油

待生催化剂带油处理方法见表 7-10。

表 7-10　待生催化剂带油处理方法

现象	原因	处理方法
①再生器温度、压力上升，双动滑阀开度加大 ②烟气中氧含量迅速下降 ③严重时烟囱冒黄烟	①反应温度过低 ②汽提蒸汽量太小 ③原料太重，进料量增加，雾化效果不好 ④两器差压过小，使待生催化剂快速压入再生器	①提高反应温度 ②加大汽提蒸汽量 ③轻微带油时，降低进料量，关小待生塞阀 ④严重带油时应切断进料

4. 反应温度大幅度波动

反应温度大幅度波动处理方法见表 7-11。

表 7-11　反应温度大幅度波动处理方法

现象	原因	处理方法
①反应温度大幅度变化 ②再生器、沉降器压力大幅度变化 ③装置其他系统温度、液位、压力变化 ④烟气氧含量大幅度变化，产品产率变化	①原料带水 ②提升管总进料量大幅度变化，原料油、回炼油控制仪表失灵或机泵故障 ③原料预热温度大幅度变化，雾化蒸汽带水 ④再生器床温大幅度变化 ⑤两器差压波动，催化剂循环不正常 ⑥再生塞阀控制失灵	①原料带水，脱水 ②进料量控制阀失灵时，立即改手动或副线控制，保持进料量平稳，机泵故障，应立即切换备用泵 ③严格控制原料预热温度 ④控制再生器床温平稳 ⑤调节两器压力，平稳两器差压，检查循环斜管松动状况 ⑥塞阀失灵改手动或手摇，联系仪表工或保运工处理

二、分馏系统

分馏系统的主要任务是利用精馏方法将油气分离成富气、粗汽油、轻柴油、回炼油、油浆等油品，一般包括分馏塔、汽提塔、分馏系统冷换设备和粗汽油罐等。

1. 工艺原理

分馏系统属于典型精馏工艺，先使来自沉降器的高温油气进入分馏塔人字挡板底部，与人字挡板顶部返回循环油浆逆流接触，油气自下而上被冷却洗涤。油气再按照不同的馏程，自上而下分离成塔顶富气、粗汽油、轻柴油、回炼油、油浆等组分。

精馏过程是在装有很多塔盘的精馏塔内进行的。塔底吹入水蒸气，塔顶有回流。经加热炉加热的原料以气液混合物的状态进入精馏塔的汽化段，经一次汽化，使气液分开。未汽化的重油流向塔底，通过提馏进一步蒸出其中所含的轻组分。从汽化段上升的油气与下降的液体回流在塔盘上充分接触，汽相部分中较重的组分冷凝，液相部分中较轻的组分汽化。因此，油气中易挥发组分的含量将因液体的部分汽化，使液相中易挥发组分向汽相扩散而增多；油气中难挥发组分的含量因气体的部分冷凝，使汽相中难挥发组分向液相扩散而增多。这样，同一层板上互相接触的汽液两相就趋向平衡。通过多次质量、热量交换，就能达到精馏目的。

分馏系统主要过程在分馏塔内进行，与一般精馏塔相比，催化裂化分馏塔具有如下技术特点。

① 分馏塔进料是过热气体，并带有催化剂细粉，所以进料口在塔的底部，塔下段用油浆循环以冲洗挡板和防止催化剂在塔底沉积，并经过油浆与原料换热取走过剩热量。油浆固体含量可用油浆回炼量或外排量来控制，塔底温度则用循环油浆流量和返塔温度进行控制。

② 塔顶气态产品量大，为减少塔顶冷凝器负荷，塔顶也采用循环回流取热代替冷回流，以减少冷凝冷却器的总面积。

③ 由于全塔过剩热量大，为保证全塔气液负荷相差不过于悬殊，并回收高温位热量，除塔底设置油浆循环外，还设置中段循环回流取热。

一个完整的精馏塔一般包括三部分：上段为精馏段，中段为汽化段（或进料段），下段为提馏段。催化裂化裂化装置的分馏塔为全气相塔底进料，仅设精馏段，如图 7-5 所示。

2. 工艺流程

（1）流程说明

由沉降器（R401B）来的反应油气进入分馏塔（T401）底部，通过人字形挡板与循环油浆逆流接触，洗涤反应油气中的催化剂并脱除过热，使油气呈“饱和状态”进入分馏塔进行分馏。

塔顶油气：经分馏塔顶空气冷却器（E401）、汽油冷却器（E402/E403），进入重汽油罐（V404）进行气、液、水三相分离。分离出的液体粗汽油经泵可分成三路：一路作为吸收剂打入吸收塔（T403），一路作为塔顶回流返回分馏塔，一路出装置。分离出的气体再经轻汽油冷却器（E404）后进入轻汽油罐（V405），液体由轻汽油泵从罐内抽出后，返回粗汽油罐控制轻汽油罐液面，少量冷凝水从脱水斗排出。轻汽油罐内的富气经脱液罐脱液后进入气压机入口。

轻柴油：自分馏塔第 19 层抽出自流至轻柴油汽提塔（T402）进行汽提，气体返回到分馏塔第十九层气相上，液相用柴油泵抽出，经换热后进入柴油集合管：一路补充中段循环回流返到分馏塔第十八层上；一路去再吸收塔上部作为再吸收剂；一路去燃烧油罐（V403）作燃烧油。

回炼油：从第 3 层塔板自流入回炼油罐（V411），然后用回炼油泵抽出，返回分馏塔 2 层或 4 层塔板上，以提供塔板下内回流并起冲洗塔板的作用。还可以直接去原料罐（V410）

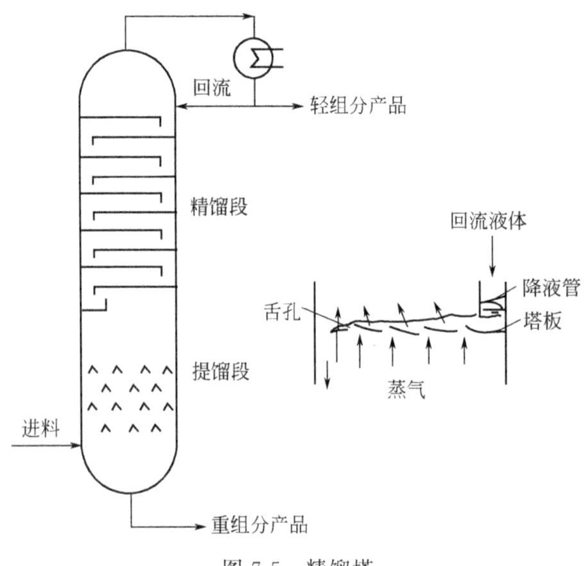

图 7-5　精馏塔

作为回炼的原料之一。

油浆：从塔底用泵抽出，分两路换热后返回分馏塔（T401）。一路返回分馏塔人字挡板上形成油浆循环，以脱去反应油气的过热，冲洗油气携带的催化剂并保持分馏塔底的温度和液位；另一路直接返回分馏塔底，用于辅助调解塔底温度，并防止其超温结焦。当油浆固体含量高时，油浆可经大水槽冷却后直接外甩出装置。油浆还可以直接去原料储罐作为回炼的原料之一。

分馏塔多余热量分别由顶循环回流、中段循环回流取走。

（2）流程图

催化分馏系统工艺流程如图 7-6 所示。

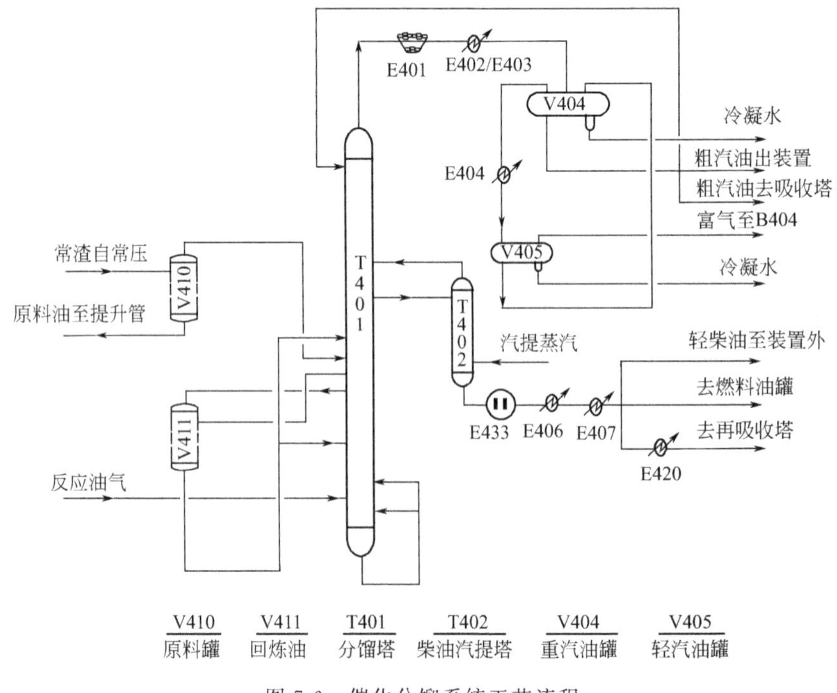

图 7-6　催化分馏系统工艺流程

3. 操作条件

分馏系统主要操作条件见表 7-12

表 7-12　分馏系统主要操作条件

序号	项目	单位	指标	备注
1	分馏塔顶温度	℃	106±2	
2	分馏塔底温度	℃	355±3	
3	分馏塔底液位	%	50±5	
4	轻柴油汽提塔液位	%	50±5	
5	重汽油罐液位	%	50±5	
6	油浆循环量	t/h	125±5	

4. 工艺操作控制

催化分馏系统工艺控制见图 7-7。

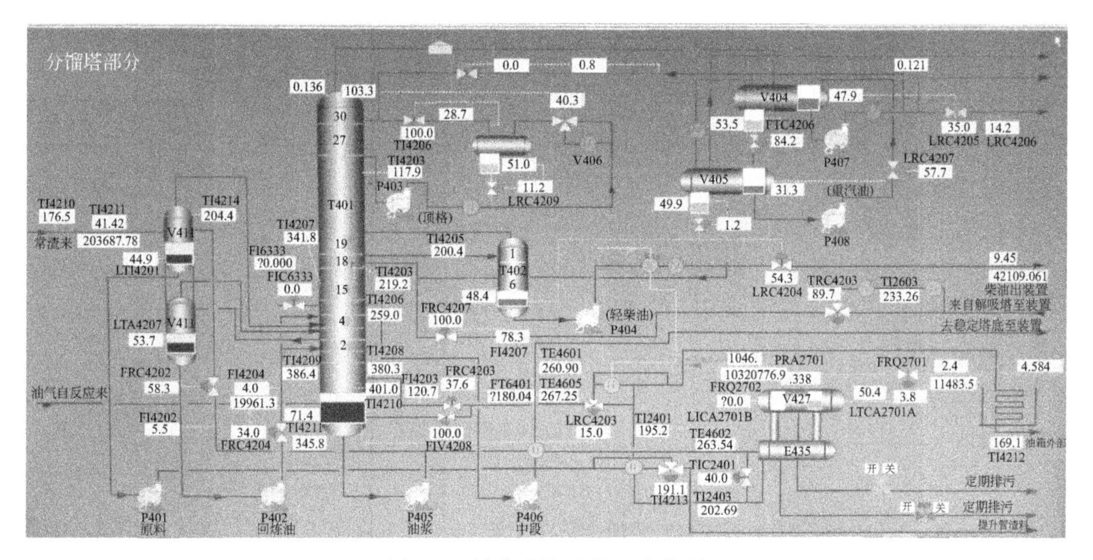

图 7-7　催化分馏系统工艺控制

(1) 分馏塔顶温度

分馏塔顶部温度是影响粗汽油干点的关键参数，在一定的油气分压下，塔顶温度越高，粗汽的干点越高。正常情况下，顶循环温控制组成闭合回路对顶温进行控制，同时，通过顶循环流量、冷回流量、塔顶冷凝冷却设备共同对顶温进行一定的控制。

控制范围：98～108℃。

相关参数：冷回流量；顶循环回流量；顶循环回流温度。

正常调整：调整方法见表 7-13。

表 7-13　分馏塔顶温度调整方法

影响因素	调整方法
冷回流量	调节冷回流阀门开度
顶循环回流量	调节顶回流阀门开度
顶循环回流温度	调节塔顶冷凝冷却设备

(2) 分馏塔底温度

分馏塔底温度主要影响结焦和安全运行，温度过高时会加快分馏塔底结焦速率。分馏塔人字挡板上方气相温度是体现油浆与回炼油分割的参数，反映油浆的轻重。人字挡板上方气相温度影响油浆密度，用循环油浆上返塔流量或温度调节，再用下返塔冷油浆流量控制塔底温度。

控制范围：352～358℃。

相关参数：反应温度；油浆上下返塔量；油浆返塔温度；提升管进料量。

正常调整：调整方法见表7-14。

表7-14 分馏塔底温度调整方法

影响因素	调整方法
反应温度	联系反应岗位控制反应温度，调节油浆返塔温度
进料量	联系反应岗位控制进料量，调节油浆返塔温度和流量
原料油变重	联系反应岗位控制反应温度，调节油浆外甩量
回炼比	联系反应岗位控制反应深度，调节返塔温度和流量
油浆返塔量	调节油浆下返塔阀门开度
油浆返塔温度	调节冷热流调节阀开度来调节循环油浆取热量

(3) 分馏塔底液位

分馏塔底液面是整个分馏塔操作的重要参数，是全塔的根基。其变化反映了全塔物料平衡和热平衡的状况，塔底液面控制不稳，全塔操作就不可能平稳。液面过低容易造成油浆泵抽空、破坏全塔热平衡、油浆循环回流中断而发生冲塔、超温及超压事故；液面过高会淹没反应油气入口，使反应系统憋压，造成严重后果。分馏塔底液位一般通过调节油浆返塔温度来控制分馏塔底液位；另外也可调整油浆上返塔量来调节分馏塔底液面。

控制范围：20％～80％。

相关参数：油浆返塔量；回炼油返塔量；油浆外甩量；塔底温度。

正常调整：调整方法见表7-15。

表7-15 分馏塔底液位调整方法

影响因素	调整方法
油浆返塔温度、油浆循环量	调节油浆上、下返塔量和返塔温度
回炼油补塔底量、油浆外甩量	调节回炼油补塔底量，必要时启用原料油补塔底
油浆泵故障	切换泵，迅速修理
油浆上、下进口的使用	调节油浆换热系统温度
反应深度、处理量、回炼量	联系反应岗位，调节操作
原料油性质变重	根据液面适当调节油浆外甩量
回炼油罐液面满溢流	调节回炼油罐液位
液面仪表失灵	联系仪表处理

(4) 重汽油罐液位

重汽油罐实质是分馏塔顶油气分离器，进行气、油、水三种物料分离的容器。上面分离气（轻汽油、粗汽油蒸气），下面分离重汽油和水。液面过高会使轻汽油带重汽；液面过低容易造成重汽油泵抽空或重汽油带水，打乱反应和吸收稳定的平稳操作。正常时，液位通过调节进吸收塔的量来实现对液面的自动控制，当调节阀全开时，液面仍上升，可开副线增加流量降低液位，仍过高通知反应岗降量或切断进料或直接出装置。

控制范围：40％～60％。

相关参数：塔顶温度；吸收塔压力；油水界面。

正常调整：调整方法见表 7-16。

表 7-16　重汽油罐液位调整方法

影响因素	调整方法
反应处理量、反应深度	联系反应岗位，控制适宜的反应深度
吸收塔压力	调节吸收塔系统压力
分馏塔顶温度	调节顶循环返塔量、返塔温度或冷回流量
出装置粗汽油量	调节粗汽油出装置阀门开度
油水界位	调节油水界面

（5）轻柴油汽提塔液位

轻柴油自分馏塔抽出自流至轻柴油汽提塔，如果汽提塔满塔溢流，不但影响汽提效果，还会破坏分馏塔中部塔盘的正常操作，造成中段温度下降，液相负荷增大，造成粗汽油，轻柴油质量不合格，液面过低，则会造成轻柴油泵抽空。汽提塔液位一般由柴油出装置调节阀来控制。

控制范围：40％～60％。

相关参数：反应温度；处理量；分馏塔中段温度；塔顶温度。

正常调整：调整方法见表 7-17。

表 7-17　轻柴油汽提塔液位调整方法

影响因素	调整方法
分馏塔中段温度	调节分馏中段返塔温度或循环量
分馏塔顶温度	调节顶循环返塔量、返塔温度或冷回流量
分馏塔顶压力	调节气压机转数(低压瓦斯放火炬)控制反应压力
反应处理量、反应深度	联系反应岗位控制反应平稳
贫吸收油流量	调节贫富吸收油阀门开度
出装置柴油量	调节柴油出装置阀门开度

5．异常工况

（1）分馏塔底液面过高

分馏塔底液面过高处理方法见表 7-18。

（2）轻汽油罐液面上涨

轻汽油罐液面过高会使沉降器压力升高，气压机入口压力低，并使气压机带油造成设备事故，因此，严格控制轻汽油罐液面，发现上涨应立即处理。

轻汽油罐液面上涨处理方法见表 7-19。

表 7-18 分馏塔底液面过高处理方法

现象	原因	处理方法
分馏塔底液面过高	①反应深度过低，反应处理量过大 ②原料性质过重 ③回炼油罐或原料油罐满罐溢流进入分馏塔 ④反应发生"炭堆积" ⑤油浆泵抽空或返塔温度过低 ⑥循环油浆过大或回炼油返塔量过大 ⑦原油-油浆换热器内漏，原油漏入油浆中 ⑧事故旁通返分馏塔开度大 ⑨反应岗位切断进料后，油浆紧急外甩不畅 ⑩三通阀门、液面自动控制、液位指示仪表失灵	①迅速联系反应岗位降量和提高反应深度 ②加大油浆外甩量和油浆回炼量，并控制外甩油浆温度 ③在保证催化剂洗涤效果和分馏塔上部操作平稳的前提下，适当降低油浆循环量 ④适当关小油浆上返塔或适当提高十八层下汽相温度 ⑤适当提高分馏塔中部温度；关小事故旁通返分馏塔开度 ⑥检查分馏塔底实际液面，联系仪表工校准分馏塔底液面 ⑦切除内漏换热器 ⑧降低回炼油返塔量和事故返塔量 ⑨反应切断进料后，检查紧急外甩流程 ⑩调节阀失灵应改手动调节，并联系仪表处理，泵抽空及时切换备用泵

表 7-19 轻汽油罐液面上涨处理方法

现象	原因	处理方法
轻汽油罐液面上涨	①分馏塔超温或冲塔 ②轻汽油的界位失灵增高 ③液面控制失灵，假液面而实际满 ④轻汽油泵抽空或故障 ⑤向轻汽油罐压凝缩油过多过快 ⑥冷回流大幅度减少或中断	①启用备用泵，两台泵同时运行，必要时启用冷回流或加大 ②冷回流量降分馏塔顶温度，查找内漏换热器，切除处理 ③联系各岗位向罐压凝油要缓慢 ④联系仪表工校液面仪表，泵故障及时切换备用泵 ⑤由于脱水失灵带水时，打开脱水阀副线，加大脱水

(3) 冲塔

冲塔处理方法见表 7-20。

表 7-20 冲塔处理方法

现象	原因	处理方法
①分馏塔中、上部各点温度急剧上升 ②油品颜色变深，比重过大	①回流带水，塔顶温度过高，塔底液面过高淹没油气入口 ②油浆中段返塔量中断，塔底蒸汽量过大 ③反应油气温度过高 ④降液管堵塞塔盘故障	①加大塔顶和中段回流量或降低回流温度，控制住塔顶温度 ②塔底液面过高时，外甩油浆，加大油浆上返塔量，降低人字挡板上部温度 ③联系调度，油品、侧线油经不合格线进入渣油罐 ④粗汽油干点过高，不得进入吸收塔，经废品线送出装置 ⑤联系反应岗位，适当降低反应温度

(4) 油浆泵抽空

油浆泵抽空处理方法见表 7-21。

表 7-21 油浆泵抽空处理方法

现象	原因	处理方法
①回流量指标下降或回零 ②塔各部温度上升 ③泵出口压力波动或回零 ④塔液面过低	①塔底液面过低，仪表失灵 ②吹扫蒸汽串入油浆线中 ③油浆组分轻 ④油浆固含量高，造成泵入口过滤网堵 ⑤塔底温度高，塔底及泵入口管线堵 ⑥机泵故障 ⑦泵预热不当	①塔底液面过低时，及时降低油浆返塔温度并联系反应降反应深度；减少回炼油浆量或外甩量，或向塔低补油 ②关死吹扫蒸汽阀 ③清理过滤网或反扫入口线，必要时切断 ④降塔底温度 ⑤机泵故障，切换泵，修泵 ⑥排净泵体内存水，缓慢预热

(5) 塔顶循环泵抽空

塔顶循环泵抽空处理方法见表 7-22。

表 7-22　塔顶循环泵抽空处理方法

现象	原因	处理方法
①回流量指标下降或回零 ②塔各部温度上升 ③泵出口压力波动或回零 ④塔液面过低	①塔顶温度低回流带水 ②反应深度低或处理量低 ③中段回流量大,使塔顶负荷小 ④泵故障,仪表失灵	①降冷回流、提塔顶温度,加强脱水 ②联系反应调整操作 ③调整分馏塔各段负荷,提高塔顶负荷 ④泵故障,切换泵,仪表失灵,检修仪表

(6) 中段泵抽空

中段泵抽空处理方法见表 7-23。

表 7-23　中段泵抽空处理方法

现象	原因	处理方法
①回流量指标下降或回零 ②塔各部温度上升 ③泵出口压力波动或回零 ④塔液面过低	①泵预热不好或串入水蒸气 ②中段返塔温度高,柴油抽出量大 ③冷回流带水,或顶温控制过低,顶循回流带水 ④中段泵坏 ⑤塔底温度突然下降 ⑥冷换设备泄漏 ⑦分馏塔压力突然降低	①泵内水气排净 ②调节中段回流量、温度,降低中段返回温度,必要时向中段补柴油 ③脱水,提塔顶温度,塔顶循环泵出口脱水 ④向中段返塔线补柴油,降处理量 ⑤提高塔底温度 ⑥切除冷换设备 ⑦和反应配合调稳反应压力

三、吸收-稳定系统

吸收-稳定系统的任务是利用吸收、精馏方法，将来自分馏部分的富气分离成干气、液化石油气和稳定汽油。裂化产物中汽油和液化石油气组分的多少由反应部分决定，但能否最大限度地回收由吸收稳定部分决定，所以吸收稳定部分也是装置的重要组成部分。一般由富气压缩机、吸收塔、解吸塔、稳定塔、再吸收塔及相应的冷换设备、容器、机泵等组成。

1. 工艺原理

吸收是用油吸收气态烃的过程，没有化学反应发生，可看作单纯的气体溶于液体的物理过程。本装置吸收塔用粗汽油及稳定汽油对富气中的 C_3、C_4 组分进行吸收；再吸收塔用轻柴油对贫气中的 C_3、C_4 及汽油组分进一步吸收。

解析是吸收的反向过程，溶液中某组分从溶液中转移到气相的过程。本装置解吸塔将液化石油气中的 C_2 组分解吸出去。

稳定塔是典型的油品精馏塔，是压力下的多组分精馏过程，分离液化石油气和稳定汽油。

2. 工艺流程

(1) 流程说明

凝缩油罐（V407）：从轻汽油罐顶出来的富气经脱液罐脱液后进入气压机压缩，一路去反飞动调节阀用以补充反应压力的不足；另一路与吸收塔底的富吸收油、解吸塔顶解吸气一起进入凝缩油冷却器（E408），冷却器入口前打入来自Ⅰ车间的洗涤水，水、气、油一同进入凝缩油罐（V407）进行气液分离，气相返回吸收塔（T403）底部；污水排出；其余液相用凝缩油泵抽出打入解吸塔（T404）顶部。

吸收塔（T403）：粗汽油进入吸收塔（T403）三十九层，补充吸收剂进四十二层。由于吸收过程是放热过程，为了增强吸收效果取走吸收过程的剩余热量，吸收塔中部设有二段回流。吸收塔中段油：经吸收塔一中段泵从三十一层抽出后，经一中段冷却器冷却、一中段流控阀后，返回到塔三十层；经吸收塔二中段泵从十一层抽出后，经二中段流控阀、二中段冷却器冷却后，返回到塔十层和来自塔底的凝缩油气相进行传质传热，吸收 C_3、C_4 的富吸收油从塔底用泵抽出打到凝缩油冷却器（E408）进入凝缩油罐（V408）。

再吸收塔（T406）：塔顶出来的贫气进入再吸收塔底部与来自顶部的轻柴油吸收剂逆流接触，轻柴油将贫气中携带的少量轻汽油组分吸收下来，自再吸塔底液控调节阀返回分馏塔第十九层塔板上，再吸收塔顶出来的干气经吸收塔压控调节阀、质量计量阀组去芳构化作原料或直接送入高压瓦斯管网，经高压瓦斯罐脱液后，送出装置做燃料用。

解吸塔（T404）：凝缩油泵将凝缩油罐液相送入解吸塔顶部。解吸塔底用分馏中段油作热源为解吸塔底重沸器提供热量；解吸塔中间重沸器十六层流出，气液混合相返回十七层，用与脱乙烷换热后的稳定汽油作为热源为解吸塔中间重沸器提供热量。塔底的轻组分上升，和塔顶下来的凝缩油及富吸收油组成的混合液逆向接触进行传质传热。C_1、C_2 的轻组分被解吸出来，送入凝缩油冷却器冷却回收液化气组分，不凝气经凝缩油气相线进入吸收塔。塔底脱出 C_1、C_2 的脱乙烷汽油用脱乙烷泵抽出与稳定汽油换热后打入稳定塔的第二十六、三十层塔盘。

稳定塔（T405）：底用分馏中段油作热源为稳定塔底重沸器提供热量。由于各组分的沸点不同，塔底的轻组分沿塔盘逐层上升，与进入稳定塔的脱乙烷汽油进行传质传热。C_3、C_4 组分以气态从塔顶出来进入液态烃冷却器冷却后进入液态烃罐（V408）。塔底汽油称为稳定汽油，稳定汽油从重沸器出来后先与脱乙烷汽油换热后，给解吸塔中间重沸器提供热量后经冷却器冷却后一路稳定汽油经泵打出，冷却后打入吸收塔顶作补充吸收剂；另一路靠自压出装置，注入抗氧化剂，经碱洗、脱硫醇精制后送入成品罐。

液态烃罐（V408）：从稳定塔顶出来的气相液态烃经冷却器冷却后进入液态烃罐（V408）进行气液分离，不凝气经稳定塔压控一路并入高压瓦斯管网，另一路去凝缩油气返线进入吸收塔吸收其中的液态烃组分。液态烃罐的液相用泵抽出，一路送回稳定塔顶作回流，控制塔顶温度和液态烃质量，一路经调节阀送入液态烃碱洗系统，碱洗硫化氢含量合格后出装置。

（2）流程图

吸收-稳定系统工艺流程如图 7-8 所示。

3. 操作条件

吸收-稳定系统主要操作条件见表 7-24。

表 7-24 吸收-稳定系统主要操作条件

序号	项目	单位	指标	备注
1	解吸塔底温度	℃	110±5	
2	稳定塔底温度	℃	160±5	
3	稳定塔顶温度	℃	58±2	
4	稳定塔顶压力	MPa	0.95±0.05	
5	再吸收塔压力	MPa	1.15±0.05	
6	吸收塔液位	%	50±5	

续表

序号	项目	单位	指标	备注
7	稳定塔液位	%	50±5	
8	解析塔液位	%	50±5	
9	凝缩油界位	%	50±5	
10	液态烃罐液位	%	50±5	
11	汽油外放温度	℃	≤40	
12	柴油外放温度	℃	≤60	

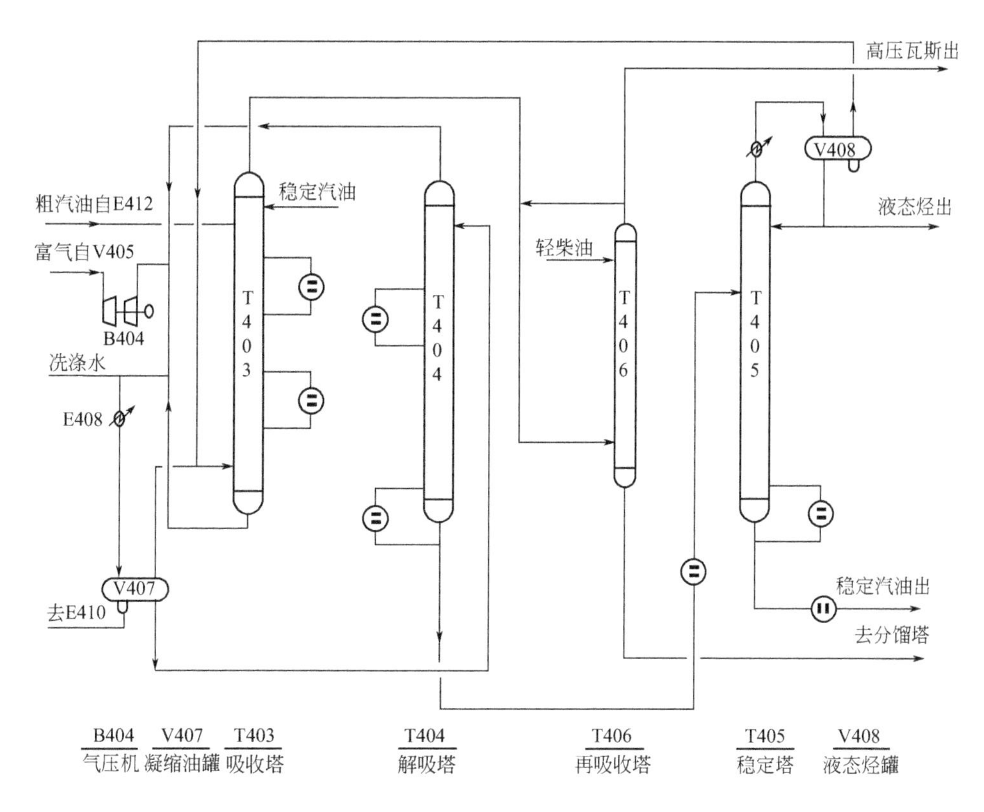

图 7-8　吸收-稳定系统工艺流程

4. 工艺操作控制

吸收-稳定系统工艺控制见图 7-9。

(1) 吸收塔压力

吸收塔压力是保证干气质量合格，保证干气外送正常，防止气压机出口憋压造成气压机喘振的重要因素。正常情况下，塔顶压力主要通过压力调节器调节吸收塔压控调节阀来控制，当受瓦斯管网压力的影响时，可通过联系调度调整管网压力，消除对塔压力的影响。

控制范围：1.0～1.1MPa。

相关参数：气压机出口压力。

正常调整：调整方法见表 7-25。

(2) 稳定塔顶压力

控制范围：0.90～1.0MPa。

相关参数：稳定塔顶回流量；液化气冷后温度；液态烃罐压力；液态烃罐液位。

正常调整：调整方法见表7-26。

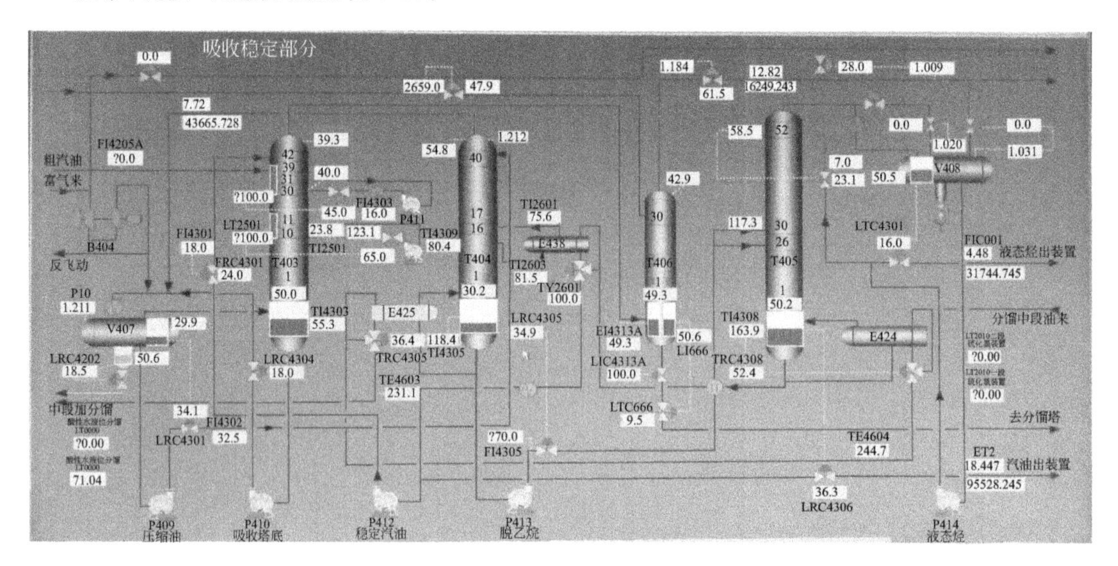

图7-9 吸收-稳定系统工艺控制

表7-25 吸收塔压力调整方法

影响因素	调整方法
瓦斯管网压力变化	通过控制吸收塔压力调节阀开度来控制；瓦斯管网压力超高，及时联系撤瓦斯压力，紧急情况可启用高压瓦斯放火炬；当瓦斯压力低时，在调度的命令下可以通过液态烃补瓦斯及不凝气补瓦斯提高管网压力
富气量减少或中断	调节凝缩油冷却效果，降低压缩富气冷后温度
吸收剂量和温度变化	控制吸收塔压力平稳，在不影响其他系统的情况下适当提高系统压力
吸收塔液面压空	联系分馏岗位在不影响气压机运行的情况下，适当降低粗汽油冷后温度；本岗位通过调节稳定汽油的冷却效果降低补充吸收剂的冷后温度
气压机工况发生变化	联系气压机岗位调整操作
解吸塔底温度的变化	在保证液态烃质量的前提下，适当降低解吸塔底温度，减少解吸气量
吸收塔压控调节阀失灵	仪表失灵，改手动或副线控制，并联系仪表处理

表7-26 稳定塔顶压力调整方法

影响因素	调整方法
稳定塔顶压控阀调节失灵	正常时稳定塔压力由塔顶压控调节阀开度来控制
进料量、组成、位置及温度变化	改变进料位置
稳定塔底温度及塔顶温度变化	控制稳定塔顶温、底温，正常情况下顶回流调节幅度不宜过大
稳定塔顶回流过大	适当降低顶回流
液态烃冷却器冷却效果差，液态烃罐不凝气含量大	液态烃罐压力过高，可适当打开不凝气调节阀排放不凝气
原料带水	加强液态烃罐、稳定塔、解吸塔脱水
液态烃罐压力及液面变化	排放不凝气，控制稳液态烃罐压力及液面
解吸效果不好，脱乙烷汽油偏轻	搞好解吸塔操作，使脱乙烷汽油中不含C_2组分
吸收塔吸收过度，解吸塔解析负荷大	降低补充吸收剂量或适当提高富气冷后温
仪表失灵	仪表失灵，改手动或副线控制，并联系仪表处理

(3) 稳定塔液面

控制范围：30%～50%（体积分数）。

相关参数：稳汽出装置量；补充吸收剂量；稳定塔进料量。

正常调整：调整方法见表7-27。

表7-27　稳定塔液面调整方法

影响因素	调整方法
稳定塔液面波动	通过稳定汽油出装置调节阀控制稳定汽油出装置量
吸收塔吸收剂量和稳定塔进料量大幅度变化	控制好稳定塔进料平稳，吸收剂量调节幅度不宜过大
稳定塔进料组成的变化	控制好稳定塔顶温、底温稳定
吸收塔补充吸收剂量大幅变化	通过稳定汽油回流调节阀控制补充吸收剂量平稳
稳定塔压力的变化	控制好塔压力
稳定塔底温大幅度变化	调整取热负荷平稳
罐区换罐，造成稳定汽油送不出去	外部憋压，及时联系调度，查明原因，保证汽油出装置畅通
仪表失灵	仪表失灵改手动并联系仪表处理

(4) 吸收塔顶温度

控制范围：(39±2)℃。

相关参数：吸收剂温度；补充吸收剂温度；富气冷却后温度。

正常调整：调整方法见表7-28。

表7-28　吸收塔顶温度调整方法

影响因素	调整方法
富气及吸收剂量的变化	调节吸收剂及补充吸收剂的流量平稳
富气及吸收剂温度的变化	调节吸收剂及补充吸收剂的温度
吸收塔压力的变化	控制塔压力平稳
仪表失灵	仪表失灵，改手动或副线控制，并联系仪表处理

(5) 解吸塔底温度

控制范围：(110±5)℃。

相关参数：解吸塔底气相温度；解吸塔进料量；解吸塔液位；凝缩油冷却后温度。

正常调整：调整方法见表7-29。

表7-29　解吸塔底温度调整方法

影响因素	调整方法
常压渣油热源的变化	正常时通过调节三通阀的开度来控制塔底的温度
解吸塔进料温度的变化，进料量的变化	调节凝缩油的换热温度，保证进料温度合适
解吸塔压力的变化	控制吸收系统压力平稳
解析塔底温度控制三通阀失灵	仪表失灵，改手动控制，并联系仪表处理

(6) 稳定塔顶温度

控制范围：(58±2)℃。

相关参数：稳定塔顶回流量；稳定塔底温；稳定塔回流温度。

正常调整：调整方法见表 7-30。

表 7-30 稳定塔顶温度调整方法

影响因素	调整方法
稳定塔顶回流量的变化	通过调节液态烃回流量及回流温度来控制塔顶温
稳定塔顶回流温度的变化	通过调节稳定塔顶回流量及回流温度来控制塔顶温
稳定塔进料量的变化	控制进料量平稳
稳定塔进料温度的变化	调节稳定汽油-脱乙烷汽油的换热温度
稳定塔进料组成的变化	通过调节稳定塔顶回流量及回流温度来控制塔顶温
稳定塔压力的变化	控制好稳定塔压力平稳
仪表失灵	仪表失灵，改手动或副线控制，并联系仪表处理

(7) 稳定塔底温度

控制范围：(160±5)℃。

相关参数：稳定塔进料量；进料温度。

正常调整：调整方法见表 7-31。

表 7-31 稳定塔底温度调整方法

影响因素	调整方法
分馏热源的变化	正常时通过调节三通阀的开度来控制塔底的温度
进料温度的变化	调节脱乙烷汽油的换热温度，保证进料温度合适
进料量、进料组成的变化	控制进料量及组成平稳
稳定塔压力的变化	控制稳定塔压力平稳
温控三通阀失灵	仪表失灵，改手动控制，并联系仪表处理

5. 异常工况

(1) 粗汽油中断

粗汽油中断处理方法见表 7-32。

表 7-32 粗汽油中断处理方法

现象	原因	处理方法
①粗汽油流量回零，粗汽油液面上涨 ②解吸塔底温上升，液面下降，气体量增大 ③稳定塔底温上升，E309 液面下降 ④吸收塔、凝缩油罐液面下降	①粗汽油泵抽空或自停 ②粗汽油液控失灵或粗汽油界面控制失灵跑油 ③分馏塔打冷回流过大 ④反应切断进料	①降低稳定塔汽油出装置量，适当增加吸收塔的补充吸收剂量，保持吸收塔、凝缩油罐、解吸塔、稳定塔液面 ②适当降低解吸塔底、稳定塔底温度，以防超温、超压，确保三塔压力平稳，液面平稳 ③与分馏工序联系切换泵，保证粗汽油供应 ④如果反应切断进料，稳定系统保压，维持好三塔循环

(2) 中段回流中断（稳定热源中断）

中段回流中断处理方法见表 7-33。

表 7-33　中段回流中断处理方法

现象	原因	处理方法
①稳定塔温度下降 ②稳定塔压力下降	①分馏塔中段回流泵抽空或故障 ②分馏塔顶回流泵故障或中部顶部负荷过小，回流建立不起来 ③仪表故障	①根据热源中断时间长短，决定是否改气压机出口放火炬；如果时间很短，可将压缩富气仍送入吸收系统，控制好液面、压力，马上恢复热源。长时间则应按富气中断处理 ②解吸塔底温低于80℃，稳定塔底温低于130℃粗汽油直接送出装置，系统保压，维持三塔循环正常 ③停液态烃出装置，保持液态烃罐液面，及时供给回流

(3) 压缩富气中断

压缩富气中断处理方法见表 7-34。

表 7-34　压缩富气中断处理方法

现象	原因	处理方法
①压缩富气流量指示为零 ②吸收塔压力下降，稳定塔压力下降，凝缩油罐液面下降，干气量下降	气压机本身系统故障或其他系统操作不正常，使气压机停车造成压缩富气中断	①停富气注水，粗汽油继续进吸收塔保证汽油蒸汽压合格 ②保持系统压力，适当降低解吸塔、稳定塔温度，防止超温 ③维持三塔循环及凝缩油罐、吸收塔、解吸塔、稳定塔液面正常 ④压缩富气恢复正常后，重新调整操作

(4) 稳定塔顶回流中断

稳定塔顶回流中断处理方法见表 7-35。

表 7-35　稳定塔顶回流中断处理方法

现象	原因	处理方法
①稳定塔温度上升 ②稳定塔压力上升	①液态烃泵故障 ②稳定塔塔压力超高 ③液态烃罐液面低，泵抽空 ④仪表失灵或其他故障	①迅速降稳定塔底温度，以防超温超压，调整操作，防止液态烃罐满 ②液态烃罐压力低，造成泵抽空，应适当提高液态烃罐压力，保证泵入口压力 ③稳定塔压力超高，应及时降塔压力 ④长时间应考虑切出富气，按富气中断处理

(5) 气压机出口憋压

气压机出口憋压处理方法见表 7-36。

表 7-36　气压机出口憋压处理方法

现象	原因	处理方法
吸收塔压力高，气压机出口压力高，严重时气压机飞动	①吸收塔压力过高，瓦斯压力超高 ②系统不畅，管路不通，系统中有阀没有开，改错线 ③凝缩油罐液面过高 ④吸收塔液面过高	①当气压机出口憋压时，应及时打开气压机出口放火炬，降低出口压力 ②降吸收塔压力 ③如吸收塔液面过高，开副线降低液面 ④凝缩油罐液面过高，增加解吸塔进料 ⑤全面检查系统，保证畅通

(6) 塔内带水

塔内带水处理方法见表 7-37。

(7) 稳定塔压力和液态烃罐压力高

稳定塔压力和液态烃罐压力高处理方法见表 7-38。

表 7-37　塔内带水处理方法

现象	原因	处理方法
①稳定塔、解吸塔底温波动，温度下降 ②稳定塔、解吸塔压力波动 ③稳定塔汽油蒸气压不合格	①凝缩油罐液面低，界面过高，粗汽油带水 ②凝缩油罐界面过高，脱水失灵 ③稳定塔、解吸塔底蒸汽窜入	①加强凝缩油罐脱水，避免粗汽油带水 ②及时给凝缩油罐脱水，停富气水洗 ③稳定塔底、解吸底脱水，现场专人看护 ④备用泵脱水 ⑤液态烃罐加强脱水，保证液面不能太低 ⑥稳定塔、解吸塔底吹汽加盲板

表 7-38　稳定塔压力和液态烃罐压力高处理方法

现象	原因	处理方法
塔压、罐压力高	①稳塔热旁路控制失灵 ②高压管网压力高	①热旁路控制失灵联系仪表处理，改走副线 ②管网压力高，必要时高压放火炬处理

(8) 液态烃罐顶不凝气带油

液态烃罐顶不凝气带油处理方法见表 7-39。

表 7-39　液态烃罐顶不凝气带油处理方法

现象	原因	处理方法
①不凝气带油 ②高压瓦斯带油	①液态烃罐液控失灵 ②稳定塔冲塔引起罐液面高 ③稳定塔塔底温高，顶回流量小	①改副线控制液位，联系仪表处理 ②稳定塔冲塔，适当调节塔底温度和顶回流量，提高塔顶压力

学一学　企业文化

企业文化是在一定的条件下，企业生产经营和管理活动中所创造的具有该企业特色的精神财富和物质形态。它包括文化观念、价值观念、企业精神、道德规范、行为准则、历史传统、企业制度、文化环境、企业产品等。其中价值观是企业文化的核心。

企业文化是企业的灵魂，是推动企业发展的不竭动力。它包含着非常丰富的内容，其核心是企业的精神和价值观。这里的价值观不是泛指企业管理中的各种文化现象，而是企业或企业中的员工在从事经营活动中所秉持的价值观念。

项目八　催化裂化装置开停工操作

一、催化裂化装置开工操作

1. 反应岗位开工

(1) 确认开工前准备工作

① 确认各盲板拆装情况；

② 流程与设备确认；

③ 初始状态卡；

④ 确认 DCS 仪表正常投用；

⑤ 确认特殊阀门调试好；

⑥ 反应-再生系统自保联锁切至旁路；

⑦ 反应用催化剂准备完毕。

(2) 引入公用工程

① 引 1.0MPa 低压蒸汽；

② 引 3.5MPa 中压蒸汽；

③ 引新鲜水；

④ 引循环水。

(3) 反应-再生系统向 150℃恒温

① 启动主风机或备用风机；

② 投用反吹风、松动风、保护风；

③ 反应-再生系统引主风升温至 150℃；

④ 反应-再生系统作气密试验，系统升压用双动滑阀升压至 0.15MPa，准备好肥皂水、石笔，联系检修配合气密，分组检查反应-再生系统人孔、法兰、焊口有无泄漏，做好标记，若有更换垫片等撤压返回，更换后重新做气密，气密结束，反应-再生系统恢复 150℃恒温状态，确认反应-再生系统 150℃恒温 8h；

⑤ 试漏吹扫管线；

⑥ 辅助燃烧室点火。

(4) 反应-再生系统开始由 150℃向 350℃升温

① 反应-再生系统升温热紧；

② 反应-再生系统由 150℃向 350℃升温。按升温曲线反应-再生系统向 350℃升温，当再生器稀相温度达到 250℃，联系调度检维修车间对各滑阀、人孔热紧，确认反应-再生系统热紧完毕。再生温度达 300℃时，内取热盘管通入保护蒸汽。150℃向 350℃升温速度为不大于 5℃/h，150℃向 350℃升温时间为 12h，反应-再生系统 350℃恒温时间为 12h。升温中必须注意瓦斯压力，保证瓦斯压力高于主风压力 0.1MPa 以上，防止回火。每 1h 分别活动大、小单动滑阀及塞阀一次，每次开关 20%，开关时防止压力波动。

(5) 反应-再生系统升温至 550℃恒温

反应-再生系统以 5～10℃/h 的速度由 350℃升至 550℃，控制好升温速度、时间，按实际数据绘制升温曲线，确认反应-再生系统升温至550℃（计划恒温30h），确认反应-再生系统550℃恒温完毕。缓慢关小再生、待生滑阀开度，控制再生温度550℃，沉降器顶250℃以上。

（6）热拆大盲板，赶空气

① 拆大盲板准备工作；

② 赶空气拆除大盲板，反应器与分馏塔连通；

③ 再生器升压至0.15MPa，升温至550℃恒温；

④ 气压机低速运转；

⑤ 准备加剂系统。

（7）配合分馏岗位建立物料循环

① 建立原料循环；

② 建立回炼油循环；

③ 建立油浆循环；

④ 引燃料油。

（8）装催化剂建立两器流化，喷急冷油及原料油，调整操作

① 装催化剂建立两器流化、喷油、调整操作。

关闭待生塞阀、大、小单动滑阀，所有排凝放空阀；确认待生塞阀、大、小单动滑阀全关（现场确认）；打开催化剂储罐底大型加剂第二道阀4～5扣，向再生器加速加催化剂；在确保再生器分布管温度不小于320℃时，快速加催化剂封住料腿，减少催化剂跑损；确认再生器料位大约在40%；调整F401燃烧效果，尽量维持再生密相温≥390℃。

改通燃烧油流程；开燃烧油喷嘴器壁阀；调整燃烧油流量控制阀，向再生器喷燃烧油，控制再生密相床温大约在650℃；控制再生器单器正常流化；确认再生器藏量大约80%；确认再生压力大约在80kPa；再生密相床层温度至450℃时，停汽包保护蒸汽，按外取热操作法迅速投除氧水，逐渐关死汽包放空，产生的蒸汽并管网，床层温度进一步提高至650℃以上，待转化催化剂。

② 向沉降器转剂，两器流化。

确认提升管底放空阀见汽并关闭提升管底放空阀；调整两器压力（沉降器100kPa、再生器130kPa）；稍开单动滑阀向沉降器转催化剂至沉降器藏量为10%；控制提升管出口温度≤550℃稍开塞阀，向再生器转催化剂；调整单动滑阀、塞阀，控制两器正常流化；控制沉降器藏量大约在10%；控制再生密相床温≥650℃；控制提升管出口温度在460～550℃；确认再生藏量大约在80%；确认两器流化正常。

③ 反应开始进料，提升管喷油。确认原料泵运行正常；确认反飞动工艺管线畅通，调节阀灵活好用；确认汽轮机低速运行正常；通知调度准备喷油；确认原料油罐液位大约在50%；投用原料喷嘴。

④ 调整操作。调整汽轮机转速，控制反应压力大约在100kPa；沉降器藏量大约在20%；单动滑阀控制再生藏量大约在80%；反应温度大约在505℃；双动滑阀控制再生压力大约在130kPa；控制原料预热温度大约在185℃。

⑤ 投用反应-再生系统自保。投用进料自保；投用反应-再生差压自；投用主风机自保；投用增压风自保。

⑥ 投用小型加剂。改好小型加剂流程；按规定进行小型加料。

⑦ 开工收尾，投用烟机。联系机组按操作规程投用烟机，确认烟机运行正常。

2. 分馏岗位开工

（1）开工准备

① 引入公用工程；

② 药剂准备（环保型缓蚀剂、油浆阻垢剂）。

（2）工艺管线、单体设备贯通试压

① 用新鲜水向塔罐内注入水；

② 各排凝点见水后关闭循环线入口塔壁阀门；

③ 启泵对管线进行压力测试；

④ 漏点检查及处理。

（3）分馏系统用蒸汽贯通试压

① 原料油系统贯通试压；

② 回炼油系统贯通试压；

③ 油浆系统贯通试压；

④ 中段系统贯通试压；

⑤ 顶循环系统贯通试压；

⑥ 塔顶油气系统贯通试压；

⑦ 分馏塔、轻柴油汽提塔、回炼油罐，火炬线系统贯通试压；

⑧ 粗汽油系统贯通试压；

⑨ 泄压。

（4）引油建立循环

① 联系仪表启用仪表。

② 收柴油，建立燃烧油循环。改通柴油罐区至燃烧油罐流程；联系电气给燃烧油泵送电；确认燃烧油泵达到备用条件；确认燃烧罐液位 80%；联系调度停止送油；燃烧油罐脱水；改通燃烧油自循环流程；启动燃烧油泵，建立燃烧油循环；确认燃烧油系统循环正常。

③ 建立原料油循环。改通收原料油流程；改好原料油循环流程；打开原料油线界区阀；联系电气给原料油泵送电；确认原料油泵达到备用条件；联系调度向装置送原料油；稍开原料泵入口排凝，确认原料油来到。关闭原料油泵入口排凝；脱尽系统存水；启动原料油泵，打开事故旁通线向塔底送油；确认原料油运转正常；预热备用泵。

④ 拆大盲板。关闭分馏塔顶蝶阀；开大入分馏塔各吹扫蒸汽，塔顶大量见蒸汽；确认分馏塔顶见汽 30min；关小入分馏塔各蒸汽，控制分馏塔微正压；联系拆大盲板；确认大盲板拆除完毕；确认反应分馏系统连通；塔顶冷却器引入循环水。

⑤ 建立油浆循环。塔液位达到 30%；改通油浆循环流程；确认油浆外送正常；预热备用泵。

⑥ 收汽油，顶循环系统充汽油。改通罐区至粗汽油罐收汽油流程；联系调度送汽油；粗汽油罐液位 80%，停止收油；联系电气给粗汽油泵送电；确认粗汽油泵达到备用条件；改通顶循环充汽油线流程；向顶循环系统充汽油；脱尽系统存水启动顶循环泵。

⑦ 投用冷回流。确认粗汽油罐有液位；改通冷回流入分馏塔流程；启动粗汽油泵调整冷回流量，控制分馏塔顶温≤120℃。

(5) 分馏准备接收反应油气

① 柴油系统和中段系统管线充柴油建立中段循环。汽提塔抽出阀开；改通柴油成品回流流程；联系调度汽提塔收柴油；改通柴油收油线入汽提塔；汽提塔液位 80%停止收柴油；系统脱水，启动中段泵。

② 分馏塔建立回流，调整操作。

a. 建立顶循环回流。调整冷回流量，控制塔顶温度为 110～120℃；调整分馏塔顶油气系统冷却水量，控制富气温度为 38～42℃；调整顶循环量及返塔温度，控制塔顶温度为 110～120℃。

b. 调整油浆循环。调整油浆循环量，控制返塔温度为 330～340℃；调整上、下返塔量，控制塔底温度为 350～360℃；调整油浆外甩量，控制塔底液位为 20%～35%；控制油浆外甩温度不大于 95℃；联系分析油浆固体含量。

c. 粗汽油外送。调整塔顶油气系统冷却负荷，粗汽油罐温度在 38～42℃；改通粗汽油进稳定系统流程；控制粗汽油罐液位在 30%～50%；联系化验分析粗汽油干点。

d. 柴油外送调整操作。联系调度停收轻柴油；改通轻柴油流程；联系调度外送轻柴油；确认汽提塔见液位；启动柴油泵；控制汽提塔液位为 20%～80%；联系化验采轻柴油分析凝固点、闪点；确认凝固点、闪点合格。

(6) 调整分馏塔操作

按照工艺指标调整分馏塔操作。

(7) 油浆阻垢剂投用

分馏系统调整正常后投用油浆阻垢剂；检查油浆阻垢剂罐液位，达到液位计的 80%；改好工艺管线流程；投用油浆阻垢剂安全阀；联系泵工检查油浆阻垢剂泵；开启阻垢剂泵并观察压力表及罐液位情况。

(8) 油浆蒸发器投用

分馏系统建立油浆系统循环，先将蒸发器部分切除（保证分馏塔底温度）待分馏接受反应油气后将蒸发器液位控制在 50%液位后将油浆缓慢投用。

(9) 缓蚀剂投用

分馏装置运行平稳后投用缓蚀剂；检查缓蚀剂剂罐液位，达到液位计的 80%；改好工艺管线流程；投用缓蚀剂泵安全阀；联系泵工检查缓蚀剂泵开启缓蚀剂泵并观察压力表及罐液位情况。

3. 吸收稳定岗位开工

(1) 开工准备

① 全面检查；

② 引入公用工程。

(2) 水冲洗及水压试验

① 向装置内引入新鲜水，吸收稳定系统开始装水进行打压试验；

② 吸收稳定系统放部分水开始进行水联运。

(3) 进行贯通、试压、赶空气

① 富气、干气线。确认吸收塔、解吸塔顶、底放空见蒸汽；打开气压机出口扫线蒸汽阀；打开吸收塔、解吸塔扫线蒸汽阀；打开吸收塔底泵扫线蒸汽阀；确认各排凝阀见汽；关小各扫线蒸汽；稍开各排凝阀脱水并少量见汽。

② 凝缩油线。改好凝缩油罐，凝缩油泵至解吸塔流程；打开凝缩油泵扫线蒸汽阀；确认各排凝阀见汽；关小凝缩油泵扫线蒸汽；稍开各排凝阀脱水并少量见汽。

③ 解吸气线、稳定塔进料线。改好解吸气流程；确认稳定塔顶、底放空打开；打开解吸塔蒸汽阀；确认各排凝阀见汽；稍开各排凝阀脱水并少量见汽。

④ 汽油线。改好稳定汽油泵至吸收塔流程；关闭稳定汽油至产品精制手阀；打开稳定汽油泵扫线蒸汽阀，此时稳定塔底扫线蒸汽阀已开；联系分馏岗位打开粗汽油泵扫线蒸汽阀；稍开各排凝阀脱水并少量见汽。

⑤ 液态烃线。改好液态烃流程；打开液态烃泵扫线蒸汽阀，此时稳定塔底蒸汽阀已开；稍开各排凝阀脱水并少量见汽。

(4) 稳定系统引瓦斯

确认瓦斯管网盲板已拆除；确认试压结束，系统无泄漏；关闭凝缩油罐，液态烃罐放空阀；关闭凝缩油罐、液态烃罐底排凝阀；确认稳定系统所有排凝、排空阀关闭；确认稳定系统所有安全阀副线阀关闭；投用稳定系统所有安全阀；确认稳定系统所有安全阀投用，准备引瓦斯；系统卸压；联系内操员注意观察再吸收塔顶压力变化；联系内操员注意观察稳定塔顶压力变化；当再吸收塔顶压力、稳定塔顶压力低于0.25MPa时，与调度联系好；逐一打开排凝阀放净存水，见瓦斯后关闭；当稳定系统压力与管网压力平衡后，停止引瓦斯；联系化验室采样分析氧含量，化验合格后停止引瓦斯；解吸塔、稳定塔底注意脱水；检查有无泄漏；检查排凝是否全部关闭。

(5) 稳定引油循环

确认装置粗汽油直接出装置线盲板已经拆除；改好稳定汽油线充汽油流程；通知调度向装置送油；当稳定塔液面至30%时，通知外操向吸收塔送油；开稳定汽油泵向吸收塔送油；调节稳定汽油回流调节阀控制补充吸收剂流量；吸收塔液面至30%后联系外操员向解吸塔送油；接到内操员通知后开吸收塔底泵向凝缩油罐送油；调节吸收塔底流控阀控制吸收塔底油流量；凝缩油罐液面至30%后联系外操员向解吸塔送油；接到内操员通知后开凝缩油泵向解吸塔送油；调节凝缩油液控调节阀控制凝缩油流量；解吸塔液面至30%后联系外操向稳定塔送油；接到内操员通知后开脱乙烷泵向稳定塔送油；调节稳定塔进料调节阀控制脱乙烷汽油流量；稳定塔液面至30%后向吸收塔转油；各塔液面至40%后停止收油，三塔循环流程建立起来；加强各塔、容器脱水；联系仪表校对各液面、流量、温度是否准确；经常检查低压瓦斯脱液罐液面，液面高马上处理；经常检查设备有无泄漏。

(6) 装催化剂两器流化，稳定保持三塔循环

各冷却器上水；注意低压瓦斯脱液罐液面的高低，保证火炬线畅通。

(7) 反应进油、开气压机

通知调度，干气准备进低压管网；改好干气去低压管网流程；联系气压机岗位改好压缩富气至凝缩油罐流程；压缩富气进气稳定后，吸收塔压力控制调节阀控制稳吸收塔压力；随着压缩富气量的增加，逐渐提高吸收塔压力；联系分馏岗位改好粗汽油至吸收塔流程；吸收塔接收粗汽油，控制好塔底液面；联系调度及成品工序，稳定汽油走不合格线送至罐区；用稳定塔液面调节阀控制稳定塔底液面及外送汽油量；分馏中段循环建立后，用塔底合流三通阀控制稳定塔底温度；逐渐提高解吸塔、稳定塔底温度；随着稳定塔底温度升高，注意稳定塔顶压力变化情况；用稳定塔压力控制调节阀控制稳定塔顶压力；稳定塔升压速度要慢；根据粗汽油和压缩富气量的变化，调整吸收稳定操作；联系调度及成品罐区，

做好合格汽油出装置的准备工作；稳定汽油10%点、干点合格后，稳定汽油送入汽油碱洗及脱硫醇；联系调度，做好接收液化气的准备工作；液面达到20%，通知外操员开液态烃泵；用液态烃回流调节阀控制回流量；用液态烃罐液面调节阀控制液化气出装置流量。

(8) 调整操作

控制各参数在正常范围内。

4. 危害识别及控制措施

危害识别及控制措施见表8-1。

表8-1　危害识别及控制措施

序号	过程	危害因素名称	危害事件及影响	触发原因	削减、控制措施
1	打水洗塔	防护不当(未按规定着装)	其他伤害	劳保着装不合格	对作业人员进行安全教育，要求登高作业必须系安全带，上下管廊注意安全
2		操作错误(机泵出口阀开度过大)	机泵损坏	机泵过载	要求操作人员按规定穿戴好劳动防护用品，安全帽、工作服、手套、防护眼镜等
3		操作错误(水洗未开放空阀)	设备损坏	塔抽负压	严格控制泵出口阀开度；现场专人监控机泵运行情况
4	设备管线蒸汽吹扫	违章作业(登高未采取防护措施)	高处坠落	登高未系安全带，注意力不集中	对作业人员进行安全教育，要求登高作业必须系安全带，提高注意力
5		防护不当(未按规定着装)	其他伤害	劳保着装不合格	要求操作人员按规定穿戴好劳动防护用品，安全帽、工作服、手套、防护眼镜等
6		操作错误(扫线前未脱水)	设备损坏	扫线时蒸汽带水	扫线前脱净存水、缓慢给汽，专人现场监控检查
7		操作错误(扫线前冷却器未放空)	设备损坏	水冷器一层扫线时另一层未放空	水冷器一层给汽，一层放空，压力控制不能超过设备操作压力
8		防护不当(未戴防护用品)	中毒	脱水作业未采取防护措施	要求罐专人监护脱水，防火炬线憋压，脱水人员应站在上风侧，佩戴防毒用具
9		防护缺陷(未采取防护措施)	灼烫	安全意识差，劳保着装不符合要求	设备、管线泄压排凝、作业人员采取防护措施、控制排凝阀开度，穿戴好劳动防护用品
10		操作错误(停汽未开排凝)	设备损坏	设备内蒸汽冷凝后，抽负压	间段停汽，确保排凝开；开工扫线，停汽后如引入易燃介质，需确保系统微正压
11		高温介质(扫线高温蒸汽)	设备损坏	蒸汽扫线，流量计手阀未关	专人检查，将质量流量剂切除
12	开工操作	防护缺陷(作业人员劳保着装不合格)	其他伤害	未按规定劳保着装	要求作业人员按规定穿戴好劳动防护用品，安全帽、工作服、手套、防护眼镜等
13		防护缺陷(未采取防护措施)	灼烫	作业时未采取防护措施	设备、管线泄压排凝、作业人员采取防护措施、控制排凝阀开度，穿戴好劳动防护用品
14		违章作业(登高未采取防护措施)	高处坠落	登高未系安全带，注意力不集中	要求作业人员登高时注意把好扶牢，管廊上作业系好安全带
15		坠落物	物体打击	高空抛物或高处物体放置不稳	要求作业人员严禁高空抛物，使用的工具拿牢放稳

续表

序号	过程	危害因素名称	危害事件及影响	触发原因	削减、控制措施
16	开工操作	有毒介质	中毒和窒息	通风不好，作业人员未采取防护措施	要求作业人员室内作业要保证通风，严禁室内排放有害介质，现场排凝脱水要佩戴滤毒盒，站在上风侧
17		易燃介质（油气）	火灾	空气存在易燃易爆介质	严禁作业人员随地排放易燃易爆介质，严禁非密闭排放油品，使用防爆工具作业
18	开工引瓦斯（液化气）置换空气	违章作业（登高未采取防护措施）	高处坠落	登高未系安全带，注意力不集中	要求作业人员登高时注意把好扶牢，管廊上作业系好安全带
19		误操作（排凝放空未全关闭）	着火	瓦斯泄漏	引瓦斯前多级检查，确认排凝全部关闭，开工过程严禁明火作业
20		误操作（流程改错或确认失误）	其他	瓦斯互窜	引油前多级确认，确保流程正确
21		指挥失误（与厂调间的沟通不足）	其他	现场流程未打通	引液化气或停止引液化气时，加强与厂调联系
22	收汽油，建立循环	违章作业（登高未采取防护措施）	高处坠落	登高未系安全带	要求作业人员登高时注意把好扶牢，管廊上作业系好安全带
23		误操作（排凝放空未全关闭）	火灾	引油时排凝阀未全关	引油前多级检查，确认排凝全部关闭，开工过程严禁明火作业
25		误操作（流程改错或确认失误）	火灾	流程不正确	引油前多级确认，确保流程正确
26		违章操作（脱水时无人监护）	火灾	脱水时无人监护	脱水时专人监控
27		指挥失误	其他	流程未打通	停止引油时，加强与厂调联系
		操作错误（液位控制）	其他	液位控制不好	安排专人检查机泵运行情况，如抽空立即停泵
28	辅助燃烧室点火升温	易燃介质（瓦斯气）	瓦斯爆炸	瓦斯放空时空间浓度高遇明火	放空口设在高点位置，确认通风扩散，定期检查地面低点无瓦斯气味及报警器无报警
29		操作错误（温度超指标）	设备损坏	升温过程中未严格按规程操作	严格按升温曲线升温，控制好各点温度
30					升温过程定期活动滑阀
31					升温过程中严格控制瓦斯管网压力高于再生压力 0.1MPa，瓦斯系统定期脱水
32	分馏引油塔外循环	误操作（线路排凝未全关）	火灾	排凝阀未全关，发生泄漏	引油前多级检查，确认排凝全部关闭，开工过程严禁明火作业
33		误操作（液位控制）	其他	液位指示不准	参照罐底压力表，监控罐的液位指示，V1305 排凝阀开，随时检查有无跑油
34		违章作业（登高未采取防护措施）	高处坠落	登高未系安全带	对作业人员进行安全教育，要求登高作业必须系安全带
35		操作错误（热油喷出）	火灾	脱水时热油喷出	脱水时阀门不能开得过大，脱水时人在现场监护
36		操作错误（热油喷出）	灼烫	脱水时热油喷出	脱水时阀门不能开得过大，人员戴防护用品
37	投用产汽系统	防护不当（未按规定戴耳塞）	其他伤害（噪声性耳聋）	蒸汽放空操作人员未戴耳塞	向员工配齐耳塞，要求员工在放空前佩戴
38		防护不当（未按规定着装）	其他伤害	作业人员劳保着装不合格	要求作业人员按规定穿戴好劳动防护用品，安全帽、工作服、手套、防护眼镜等
39		操作错误（阀门开关错误）	设备憋压	开关阀门时协调不好	要求室内外加强沟通，放空阀和并蒸汽管网阀处单有人员操作，防止系统憋压

续表

序号	过程	危害因素名称	危害事件及影响	触发原因	削减、控制措施
40	投用产汽系统	防护不当（现场人员未按要求戴耳塞）	其他伤害（噪声性耳聋）	现场作业人员未戴耳塞，蒸汽喷出流体噪声伤害	要求打靶现场作业人员戴耳塞
41		高温物质（蒸汽）	灼烫	作业人员离打靶处过近	要求作业人员远离蒸汽打靶处
42	拆（加）盲板（切断、吹扫）	违章作业（登高作业人员未系安全带）	高处坠落	登高作业人员未系安全带	对作业人员进行安全教育，要求登高作业必须系安全带；要求监护人落实责任，进行检查提醒
43		设施缺陷（临时平台不合格）	高处坠落	临时架子不合格	检查脚手架人员资质合格，架子搭设完毕或作业前要进行安全检查
44		采光照明不良（夜间作业）	高处坠落	夜间作业，照明不充足	联系电气人员提前接引临时照明，以便夜间作业，保证足够亮度
45		防护不当（作业人员未戴安全帽或手套等劳保用品）	其他伤害	作业人员未戴安全帽或手套等劳保用品	要求作业人员按规定穿戴好劳动防护用品，安全帽、工作服、手套、防护眼镜等
46		高温液体、高温气体	灼烫	拆解法兰时，系统内未泄净压	装置监护人员在拆解法兰前应先开排凝阀，确认已泄压
47		坠落物（拆下的螺栓、盲板、工具等）	物体打击	拆下的螺栓、盲板、工具等摆放不稳固	拆下的螺栓放至安全位置、盲板工具拿、放稳固
48		易燃气体（管线吹扫置换不干净）	火灾	管线吹扫置换不干净	解法兰后有易燃介质泄漏，立即停止作业，采取防护措施，并联系工艺处理
49	回装人孔	防护不当	其他伤害	作业人员未戴安全帽或手套等劳保用品	要求作业人员按规定穿戴好劳动防护用品，安全帽、工作服、手套、防护眼镜等
50		运动物	物体打击	打击螺栓时砸手，或锤子飞出	采取个人防护措施，提高安全意识，使用铁锤时注意躲避
51		违章作业	高处坠落	作业人员未系安全带、未采取防护措施	要求登高或人体中部高于护栏，就要系安全带

二、催化裂化装置停工操作

1. 反应岗位停工

(1) 停工前准备

① 停小型加催化剂。通知停小型加料；关闭小型加催化剂器壁阀；投用小型加催化剂器壁阀后输送风；停小型加催化剂输送风。

② 卸催化剂准备。确认催化剂储罐空高不小于 10m；改通大型卸催化剂线至催化剂储罐流程，保持大型卸催化剂线器壁阀关闭；确认催化剂储罐具备收催化剂条件；充压阀关闭；下料阀关闭；顶放空阀开；投用大型卸催化剂线输送风；确认大型卸催化剂线畅通。

(2) 反应降温、降量、降压

① 降温降量。通知调度降量；调整进料调节阀，控制原料罐液位大约在 40%，降量同时，根据氧含量情况，逐渐减少和调整主风量；调整进料调节阀，以 10～15t/h 将进料量降

至 5t/h；随着降量，根据进料喷嘴压力相应开事故旁通线和事故蒸汽副线，保证提升管线速和正常流化；根据原料罐液面，及时联系调度减少原料进装置流量；降量同时根据再生器床层温度，逐渐关小外取热器提升风及流化风，减少外取热器取热量；反应尽可能用反飞动维持气压机运行，并控制反应压力，并适当降气压机负荷。当反应进料降至 5t/h 时停气压机用入口放火炬控制反应压力。

② 控制参数。反应压力大约在 180kPa；调整气压机负荷；控制沉降器藏量大约在 20%；控制再生器藏量大约在 70%；控制反应温度大约在 505℃；控制再生压力大约在 210kPa；控制原料油预热温度大约在 190℃；控制外取热产汽量；再生密相≤690℃。

③ 卸催化剂。确认大型卸催化剂线畅通；打开大型卸催化剂线器壁阀向催化剂储罐缓慢卸催化剂。

④ 切除烟机。确认烟机切除；确认烟机出口水封罐处于正常状态。

（3）切断进料，停气压机

① 切断进料。通知调度切断进料，降低原料进装置量；总进料降至 5t/h，切断进料，并将喷嘴前油扫入提升管，全部扫净后关闭原料进喷嘴阀；关闭提升管各喷嘴器壁阀门；维持催化剂流化烧焦；控制反应压力高于再生器压力 5～10kPa；确认喷嘴雾化蒸汽量、汽提蒸汽量、预提升蒸汽量开至最大。

② 停气压机。按照规程停气压机。

（4）卸催化剂

① 两器流化烧焦保证再生温度 680℃流化烧焦 30min 后，停燃烧油；关闭再生器滑阀，并适当提高沉降器压力，使沉降器压力大于再生压力 0.01MPa，将沉降器催化剂全部转入再生器。由再生器底向催化剂储罐卸料，控制卸料速度，保证卸料温度≤450℃。

② 当汽提段藏量和密度回零后，关闭待生塞阀。此时沉降器除汽提蒸汽雾化蒸汽外，其余蒸汽全部关闭。

③ 当再生器藏量基本卸完，对外取热器、待生立管、再生器滑阀上等处卸料，并稍活动单动滑阀，将滑阀上的催化剂卸净。

④ 加快卸催化剂速度，开大卸催化剂阀。

⑤ 加大输送风。

⑥ 控制反应压力在 100～105kPa，再生压力在 90～95kPa。

⑦ 再生温度降至 250℃时，停再生器蒸汽，为保证卸料干净，应将主风反复切除并入系统。

（5）反应吹汽，装盲板

① 准备工作；

② 加大盲板。

（6）反应-再生系统停工收尾

① 反应-再生系统卸尽催化剂；

② 停主风机；

③ 停增压机；

④ 停系统蒸汽。

2. 分馏岗位停工

（1）停工准备

贯通油浆外甩线、不合格汽油线；控制封油罐液位至80%液面；做好装大盲板的准备。

(2) 反应降温降量

改好油浆外甩线，并向装置外甩油浆，控制油浆出装置温度不大于95℃；随反应降量，相应降中段、顶循环回流量以免回流泵抽空，并适当开大塔底汽提蒸汽，以防塔漏液，注意保持封油罐液面，保证封油正常循环；由于反应蒸汽量增大，粗汽油罐水量增高应注意液面和界面，加强脱水。

① 启用冷回流。调整控制塔顶温度；调整控制柴油抽出温度在175～185℃；调整人字挡板上温度≤365℃，塔底温度≤350℃。

② 控制质量指标。粗汽油干点≤195℃；轻柴油95%点≤365℃，闪点≥55℃；塔底温度≤350℃；油浆固体含量≤6g/L；控制塔底液位为20%；控制粗汽油罐液面为50%。

③ 准备扫线蒸汽。打开1.0MPa蒸汽管网扫线蒸汽阀；打开各泵入口扫线蒸汽排凝阀，排净存水；打开扫线蒸汽排凝阀，排净存水。

(3) 反应切断进料，停气压机

切断进料后，联系调度，停常压渣油进装置，由常压给汽，向原料罐扫线；根据中部温度及时停中段回流泵，顶循泵抽空后用冷回流控制顶温≤120℃；回流泵抽空停泵后，泵给汽扫线；将原料、回炼油由事故旁通和回炼返塔转入分馏塔；当塔底温度低于250℃时，减少塔底吹气，防止油浆泵抽空。

(4) 分馏系统退油，蒸塔

① 停中段回流，启用冷回流。确认反应切断进料；加大冷回流量；控制塔顶温度在105～120℃；控制塔底温度≥200℃；控制好油浆系统各路循环量保证上返塔量；加大油浆外甩量。

② 停顶循。确认顶循泵抽空；停顶循泵；切除顶循冷却器循环水。

③ 停中段。确认中段泵抽空；停中段泵；中段泵给汽扫线。

④ 停轻柴油。确认柴油泵抽空；停柴油泵；柴油泵给汽扫线。

⑤ 停冷回流。确认塔顶温度降至100℃；停冷回流；确认重汽油泵抽空；停重汽油泵。

⑥ 分馏塔退油。确认反应催化剂全部卸完；原料油系统退油；改通原料油事故返分馏塔流程；加大原料油入分馏塔量；确认原料油泵抽空；停原料油泵；开原料油泵扫线蒸汽阀；回炼油系统退油；全开回炼油流控阀；确认回炼油泵抽空；开回炼油泵扫线阀；油浆系统退油；确认塔底温降至<200℃；确认反应-再生系统催化剂基本卸净；减少油浆系统各路循环量，加大油浆外甩量；控制外甩温度不大于95℃；确认油浆泵抽空；停油浆泵；开油浆泵扫线阀；分馏系统全面扫线。

⑦ 蒸塔。加大分馏塔汽提蒸汽量；确认分馏塔蒸塔12h；打开塔底放空阀；打开塔顶放空阀；关小塔汽提蒸汽；控制塔保持微正压。

(5) 加大盲板

装置全面扫线；联系安装油气大盲板；配合安装油气大盲板；确认油气大盲板安装完毕；分馏塔给汽吹扫24h排至火炬；检查确认塔顶放空无油，排火炬改至放空4h；关闭分馏塔底吹汽、汽提塔底吹汽、回炼油罐底吹汽，打开塔底排凝阀、罐底排凝阀；关闭各泵扫线蒸汽阀，各管线低点排凝阀打开；联系安装装置界区盲板。

(6) 停工扫线

吹扫原料线、轻汽油线、开工循环线、回炼油线、油浆线、中段循环回流线、轻柴油线、柴油集合管给汽、封油线、顶循回流线、重汽油线、轻汽油线、分馏前部冷却系统。

3. 吸收稳定岗位停工

(1) 准备工作

检查试通高压瓦斯系统，确保畅通，凝液罐存油卸净；联系公司调度通知有关单位停烧瓦斯，并注意瓦斯压力；通知调度准备接收不合格汽油和液化气；停再吸收塔吸收剂。

(2) 降温、降量、降压

① 系统降温、降压。随前部降量，凝缩油和富气来量减少，稳定系统应及时减少出装置；保持塔底温度逐渐降低各液面，当热源不足，底温无法维持时，将粗汽油改直接出装置；联系调度将不合格汽油送至成品不合格罐；打开稳定汽油至不合格线阀将稳定汽油送至不合格罐；气压机停运后，保持系统压力，停吸收塔吸收剂，将各塔、罐油靠系统压力压出装置，再吸收塔底油全部压至轻汽油罐；液态烃全部送出装置，停液态烃回流；根据塔底温度和退油情况，将热源切除系统改走热流。

② 停富气洗涤水。关闭富气洗涤水阀及液态烃注水；控制凝缩油罐界位为40%。

③ 再吸收塔底油全部压入轻汽油有罐。

④ 准备扫线蒸汽。引吹扫蒸汽至各塔第一道阀前，脱尽存水。

(3) 反应切断进料，气压机停运

继续向装置外退油，待油全部退净后，关闭稳定汽油出装置手阀，防止粗汽油进稳定塔；油压净后，瓦斯管网卸压；启动液态烃泵打水置换液态烃线；各泵抽空后停泵。

(4) 吸收-稳定系统降压

缓慢降低吸收塔压力；打开高压瓦斯放火炬手阀，向火炬线泄压；关闭冷却器上水阀、回水阀，并放净存水。

(5) 对装置进行水顶油作业

利用水密度大于油品的特性，将装置工艺管道低点泵无法抽出的油用水将存油液位提高后用泵将油抽出。减少在停产过程中低点放油、退油带来的危险。

(6) 停工扫线

4. 危害识别及控制措施

危害识别及控制措施见表8-2。

表8-2　危害识别及控制措施

序号	过程	危害因素名称	危害事件及影响	触发原因	削减、控制措施
1	降温降量	热油泵密封不良(密封泄漏)	火灾	封油中断，泵内高温油品泄漏	专人检查监控封油罐液位不空，热油泵采用双端面密封
2		换热器密封不良(封头法兰泄漏)	火灾	降量过程中温度大幅度变化，封头法兰热油泄漏	专人监护，蒸汽掩护及时联系紧固，降温降量要缓慢平稳
3		流体动力性噪声	其他伤害(听力)	蒸汽放空，操作人员未戴耳塞	要求操作人员戴耳塞、耳罩
4		操作错误(反应器超压)	设备损坏	液位过高	专人监控、按指标操作
5		操作失误(主风流量控制失误)	设备损坏或停机	流量长时间在喘振线范围内，主风低流量自保未摘除	降量过程中风量快速通过喘振线，提前将低流量自保摘除

续表

序号	过程	危害因素名称	危害事件及影响	触发原因	削减、控制措施
6	切断进料	热油泵密封不良(密封泄漏)	火灾	封油中断,泵内高温油品泄漏	专人检查监控封油罐液位不空,热油泵采用双端面密封
7		换热器密封不良(封头法兰泄漏)	火灾	降量过程中温度大幅度变化,封头法兰热油泄漏	专人监护,蒸汽掩护及时联系紧固
8		违章作业(未系安全带)	高处坠落	无防护措施注意力不集中	系安全带,提高注意力
9		操作错误(粗汽油罐粗汽油液位高)	设备损坏	分馏塔顶温高,富气带油,气压机叶片损坏	对照现场,保证粗汽油罐液位在指标内
10	停工转卸催化剂	防护不当(未戴防护用品)	灼烫	底放空高温催化剂喷出	要求操作人员按规定穿戴好劳动防护用品,安全帽、工作服、手套、防护眼镜等,要求操作人员开放空时应缓慢,做好躲避

学一学　企业精神

企业精神是指企业基于自身特定的性质、任务、宗旨、时代要求和发展方向,并经过精心培养而形成的企业成员群体的精神风貌。

企业精神要通过企业全体职工有意识的实践活动体现出来。因此,它又是企业职工观念意识和进取心理的外化。

企业精神是企业文化的核心,在整个企业文化中起着支配的作用。企业精神以价值观念为基础,以价值目标为动力,对企业经营哲学、管理制度、道德风尚、团体意识和企业形象起着决定性的作用。可以说,企业精神是企业的灵魂。

企业精神通常用一些既富于哲理、又简洁明快的语言予以表达,便于职工铭记在心,时刻用于激励自己;也便于对外宣传,容易在人们脑海里形成印象,从而在社会上形成个性鲜明的企业形象。如王府井百货大楼的"一团火"精神,就是用大楼人的光和热去照亮、温暖每一颗心,其实质就是奉献服务;西单商场的"求实、奋进"精神,体现了以求实为核心的价值观念和真诚守信、开拓奋进的经营作风。

项目九 催化裂化装置应急处理

一、DCS 操作站黑屏

DCS 操作站黑屏应急操作卡见表 9-1。

表 9-1 DCS 操作站黑屏应急操作卡

事故现象	DCS 操作站黑屏
危害分析	UPS 未正常启用,装置仪表电源柜断电,DCS 操作站出现黑屏,各测量无显示,各调节器无指示,调节阀回到初始位
事故原因	电气故障
事故确认	DCS 操作站黑屏,仪表电源柜断电、现场调节阀回到初始位置
事故处理	(1)初期险情控制 [M]—通知生产调度,联系电气及仪表了解情况 [M]—联系值班人员及事故应急小组成员 (I)—反应、机组岗位内操作员判断、确认主风自动保护启用,所有操作人员按照班长指示去现场调整操作 (2)工艺处置 [M]—启主风自动保护,启用后做以下工作 [I]—首先派一人去双动滑阀处,现场液动将双动滑阀各开 2/3 以上行程;待再生器泄压后去废热锅炉汽包处,关小废热锅炉上水阀前手阀,现场控制废热锅炉汽包液位 [P]—派一人去现场检查再生滑阀、待生滑阀、原料自动保护阀、回炼油自动保护阀、主风自动保护阀、外取热各增压风蝶阀、预提升干气和预提升蒸汽调节阀动作情况;未动作人为动作到位。注意首先检查再生、待生滑阀,确保再生、待生滑阀关闭 [P]—派一人去现场检查 $Dg600$ 放火炬蝶阀是否全开,未开则现场手动开 $Dg600$ 放火炬蝶阀至全开;检查分馏塔顶蝶阀是否仍处于全开状态 [P]—派一人去现场关闭原料、回炼油喷嘴手阀。由于人员有限,待喷嘴关闭后去外取热滑阀处,手动关死外取热滑阀,维持外循环管滑阀开度 [I]—现场派一人去关外取热汽包上水调节阀前手阀,看住外取热汽包液位,避免出现液位满空现象 [P]—负责检查各自保动作的人检查确认完毕后去辅助燃烧室处将主风管事故蒸汽关闭,再生器闷 [P]—派一人去余热锅炉副线水封罐放水,开废热锅炉副线蝶阀 [P]—负责外取热汽包处看液位的人将外取热管线手动放空打开 1～2 扣 [P]—负责去开废热锅炉副线蝶阀的人将冷催化剂罐处中压蒸汽排凝以及废热炉处地面蒸汽排凝各开 2～3 扣,避免管线存水 [P]—引燃烧油至喷嘴前脱水备用,压力控制 1.7MPa 以上 [P]—联系调度关闭各原料入装置质量流量计手阀 [P]—停钝化剂、活化剂、阻焦剂、加药泵,关系统器壁阀门 [P]—派一人去检查油浆泵是否跳闸停机,如果已经跳闸停机,启用备用机泵。根据泵电流大小,关小油浆泵出口阀,保证油浆泵电流不超载。改油浆紧急外甩,根据现场温度计控制外甩温度在指标范围内;根据浮球液位判断分馏塔底液位调整油浆外甩量,避免满空。油浆循环正常循环;另外,油浆热旁路调节阀副线开 2 扣保证过量 [I]—派一人去检查粗汽油泵是否跳闸停机,如果已经跳闸停机,启用备用泵。根据泵电流大小,关小粗汽油泵出口阀,保证粗汽油泵电流不超载 [I]—派一人将粗汽油改直接出装置,根据粗汽油罐玻璃板液位情况控制外送量 [I]—派一人去检查除油浆泵、粗汽油泵、各滑阀泵以外所有机泵是否跳闸停机,如果是,直接关泵出口阀;如果不是,关泵出口阀后停泵 [I]—将粗汽油罐界位改直排,并现场看分馏塔顶分液罐液位、界位 [I]—派一人去脱硫先将各压控调节阀副线阀全开,然后将脱硫各塔贫富液切除。注意开各塔调节阀时要先全开加氢干气脱硫塔压控调节阀副线阀 [I]—检查稳定塔顶回流罐压力,开不凝气补瓦斯调节阀副线,保证不超压 [I]—停再吸收塔和富气水洗系统

续表

事故处理	[I]—维持气压机低速运行;停增压机 [I]—DCS操作站好用,反应岗位做以下操作 [I]—检查各参数是否在可控范围之内,出现异常立即处理,在各参数达到可控范围后再恢复操作 [I]—将各调节阀副线阀或手阀恢复到初始位置,用调节阀控制流量、液位、压力 [I]—恢复主风自动保护、差压自动保护、进料自动保护 [I]—将双动滑阀由现场液动改回室内自动并调试好用;将再生滑阀和待生滑阀调至室内自动状态 [I]—调试分馏塔顶蝶阀好用,并将分馏塔顶蝶阀控制沉降器压力高于再生压力0.01MPa [I]—联系机组将主风少量并入再生器,同时保证两器差压;根据再生温度变化情况确认再生器是否带油。若带油则用主风量控制再生温度,避免再生温度超高。必要时可以通入主风事故蒸汽 [I]—逐渐将主风量提至2000m^3/min,控制再生压力0.15MPa,控制沉降器压力0.17MPa [I]—观察再生器一密相底部温度是否大于380℃,如果再生器一密相底部温度大于380℃,喷燃烧油提再生温度。同时调整外取热滑阀和各路增压风,外取热滑阀内催化剂逐渐流化起来,外取热产汽,同时加强中低压蒸汽温度与压力监控与调整保证在指标范围内。如果再生器一密相底部温度小于380℃,卸出催化剂,重新点炉升温 [I]—当再生温度达到650℃时,开再生滑阀转催化剂,此时可以控制再生压力高于沉降器压力 [I]—当再生温度达到650℃时,开再生滑阀转催化剂,此时可以控制再生压力高于沉降器压力。汽提段藏量大于20t后逐渐开待生滑阀,建立两器流化,调整两器藏量正常 [I]—喷油条件具备后,提升管喷油,恢复进料。逐渐停喷燃烧油,控制好两器压力、温度 [I]—投用外取热及废热锅炉 [I]—投用烟机 [I]—DCS操作站好用分馏岗位后做以下操作 [P]—分馏岗位启泵建立原料、回炼、油浆三路循环 [I]—控制原料罐、回炼油罐、分馏塔底液位在指标范围内 [I]—控制好冲洗油罐液位,保证反应燃烧油和分馏热油泵封油用油 [I]—控制好分馏塔顶油气分液罐液位,必要时候外收汽油 [I]—反应进料后用冷回流控制好分馏塔顶温度不大于130℃。启泵逐渐建立顶循循环、一中循环 [I]—DCS操作站好用稳定岗位后做以下操作 [I]—稳定岗位在DCS操作站恢复后启泵建立三塔一器循环 [I]—随反应进料,接受压缩富气 [I]—再沸器缓慢升温,待解析塔和稳定塔底油气返塔温度达到条件后,粗汽油进稳定 [I]—视各储罐液位情况,产品及时改出装置 [I]—投用再吸收塔,投用富气水洗 [I]—DCS操作站好用机组岗位后做以下操作 [I]—气压机低速运行;停增压机 [I]—主风机安运 [I]—相关自保解除 (3)设备处置 [P]—启用主风自保后停除油浆泵、粗汽油泵以外所有机泵 [P]—保证主风机处于安全运行状态,保证气压机处于低速暖机状态,为主风自保恢复后恢复操作提供有利条件 (4)现场检测及疏散 [P]—停止一切施工作业,将无关人员清出装置 (5)个体防护 〈P〉—按规定劳保着装 (6)环境保护
退守状态	各参数无法控制:按紧急停工处理,保证沉降器压力略高于再生压力

二、循环水中断

循环水中断应急操作卡见表9-2。

表9-2 循环水中断应急操作卡

事故现象	(1)循环水压力或流量下降或回零 (2)各油品冷后温度上升 (3)机泵冷却水回流中断

续表

<table>
<tr><td>危害分析</td><td>(1)三机组、气压机润滑油油温上升致使轴承温度过高,造成被迫停机
(2)热油泵油箱冷却水中断,致使机泵轴温过高,造成设备损坏
(3)分馏稳定各油品冷后温度上升,致使油品外送温度升高,影响下游装置安全平稳生产
(4)分馏岗位粗汽油冷后温度上升,致使反应压力超高,装置被迫切断进料
(5)造成装置全面联锁停车影响安全平稳生产</td></tr>
<tr><td>事故原因</td><td>(1)循环水场水泵停运
(2)循环水管线破裂</td></tr>
<tr><td>事故确认</td><td>(1)多点参照冷后温度,确认循环水是否中断
(2)现场检查循环水压力,确认循环水是否中断
(3)联系调度确认循环水是否中断</td></tr>
<tr><td>事故处理</td><td>(1)初期险情控制
[M]—向调度汇报循环水中断情况并联系处理
[I]—如短时间停循环水,反应岗位大幅度降量维持操作
[I]—机组岗位密切监视主风机、气压机轴、增压机轴承温度变化,当开1号气压机时密切监视复水器真空度及气压机转数
[I]—当主风机、气压机、增压机轴承温度超过80℃且持续升高时需紧急停机
[I]—分馏岗位增加油浆蒸汽发生器的取热量
[I]—分馏岗位加大油浆循环量,增大油浆上返塔量
[P]—分馏岗位增大低温热水及各空冷风机的取热量
[I]—分馏岗位调整冷回流严格控制分馏塔顶温≤130℃
[P]—分馏岗位密切监控各热油泵的轴承温度情况,当轴承温度大于65℃停止机泵运行
[I]—稳定岗位密切注视各塔、罐温度及压力情况,严防超温超压
[I]—稳定岗位不易大幅度减少分馏一中、二中的取热量防止对分馏塔温度造成大的影响
[M]—与生产科随时联系报告汽油、柴油、油浆外送温度情况,按调度指令进行调整
[P]—密切监控各机泵轴承温度情况,严防超温
(2)工艺处置
[M]—及时向调度汇报工艺处理情况,并提前通知调度下一步所要采取的工艺处理措施
[M]—在以下任一条件时下令启用进料自动保护
[I]—分馏岗位分馏塔顶温度超高,油气冷后温度超高
[I]—反应岗位反应压力过高,提升管流化困难
[I]—机组岗位气压机入口温度过高,超过指标
[I]—反应岗位启用进料自动保护
[I]—各岗位按进料中断进行处理
[M]—在以下任一条件时启用主风自动保护
[I]—机组岗位确认烟机轴承温度超过80℃且持续升高
[I]—机组岗位确认电机轴承温度超过80℃且持续升高
[I]—反应和机组岗位配合启用主自动保护
[I]—各岗位按主风中断进行处理
[M]—及时指挥各岗位二操人员做好以下工作
[P]—分馏岗位密切监控热油泵房内各机泵轴承温情况,当轴承温度大于65℃停止机泵运行
[P]—机组岗位密切监控各运转机泵轴承温度情况,当轴承温度大于65℃停止机泵运行
[I]—反应岗位根据机泵运行的具体情况进行处理
[I]—原料泵中断运行启用进料自动保护
[I]—油浆泵中断运行启用差压自动保护
[I]—气压机停运用气压机入口放火炬控制反应压力循环水长期中断恢复前的准备阶段
[P]—分馏岗位关小下列冷却器入口阀门,打开出口排凝阀
分馏塔顶油气冷凝冷却器、轻柴油冷却器、稳定塔贫吸收油冷却器、分馏油浆外甩冷却器、分馏顶循冷却器
[P]—稳定岗位关小下列冷却器入口阀门,打开出口排凝阀
气压机出口富气冷却、稳定吸收塔一中冷却器、稳定吸收塔二中冷却器、稳定汽油冷却器E1308
[P]—机组岗位关小下列冷却器入口阀门,打开出口排凝阀,防止温度变化过大造成设备损坏
主风机润滑油冷却器、主风机主电机冷却器、主风机动力油冷却器、主风备机汽封冷却器、气压机润滑油冷却器、气压机汽封冷却器、气压机中间冷却器、1号气压机复水器冷却器、增压机润滑油冷却器
循环水长期中断后恢复阶段
[M]—及时与生产科联系并确认循环水恢复供给</td></tr>
</table>

续表

事故处理	[M]—下令投用各岗位冷却器及机泵冷却水 [P]—各岗位按冷却器投用规程，将冷却水投用到正常状态 [M]—下令恢复操作 [P]—机组岗位按规程恢复机组、气压机及增压机的运行 [P]—稳定岗位建立三塔一器循环准备接收压缩富气和分馏热源 [P]—分馏岗位先启动原料及油浆泵控制好塔、罐液位，根据具体情况启用其他泵 [P]—反应岗位根据主风供给情况，恢复主风自动保护；根据再生温度及油浆循环情况恢复差压自动保护；并根据原料泵运转情况恢复进料自动保护 [M]—生产恢复至正常状态 (3)设备处置 [P]—监控热油泵轴承温度大于65℃，停止机泵运行 [P]—监控机组各运转机泵轴承温度情况，当轴承温度大于65℃停止机泵运行 [P]—循环水管线泄漏，切除漏点，联系处理漏点 (4)现场检测及疏散 [P]—停止一切施工作业，将无关人员清离装置区 (5)个体防护 〈P〉—按规定劳保着装 (6)环境保护
退守状态	(1)长时间停循环水：装置停工，各需要冷却的转动设备停运 (2)短时间停循环水或循环水压不足：反应大幅降量，保证各塔、油品冷后温度、需要冷却的转动设备不超温

学一学　企业道德

企业道德是指调整该企业与其他企业之间、企业与顾客之间、企业内部职工之间关系的行为规范的总称。它是从伦理关系的角度，以善与恶、公与私、荣与辱、诚实与虚伪等道德范畴为标准来评价和规范企业。

企业道德与法律规范和制度规范不同，不具有那样的强制性和约束力，但具有积极的示范效应和强烈的感染力，当被人们认可和接受后具有自我约束的力量。因此，它具有更广泛的适应性，是约束企业和职工行为的重要手段。中国老字号同仁堂药店之所以三百多年长盛不衰，在于它把中华民族优秀的传统美德融于企业的生产经营过程之中，形成了具有行业特色的职业道德，即“济世养身、精益求精、童叟无欺、一视同仁”。

附录　危险化学品 MSDS

附表 1　汽油

化学品中文名： 化学品英文名： 技术说明书编号	汽油[闪点＜－18℃] petrol 341
成分/组成信息	组分：汽油　含量：无资料　CAS No. 8006-61-9
危险性概述	健康危害：对中枢神经系统有麻醉作用 急性中毒：轻度中毒症状有头晕、头痛、恶心、呕吐、步态不稳、共济失调。高浓度吸入出现中毒性脑病。极高浓度吸入引起意识突然丧失、反射性呼吸停止。可伴有中毒性周围神经病及化学性肺炎。部分患者出现中毒性精神病。液体吸入呼吸道可引起吸入性肺炎。溅入眼内可致角膜溃疡、穿孔，甚至失明。皮肤接触致急性接触性皮炎，甚至灼伤。吞咽引起急性胃肠炎，重者出现类似急性吸入中毒症状，并可引起肝、肾损害 慢性中毒：神经衰弱综合征、植物神经功能紊乱、周围神经病。严重中毒出现中毒性脑病，症状类似精神分裂症。皮肤损害
急救措施	皮肤接触：立即脱去污染的衣着，用流动清水彻底冲洗皮肤。就医 眼睛接触：立即分开眼睑，用大量流动清水或生理盐水彻底冲洗至少 15min。就医 吸入：迅速脱离现场至空气新鲜处。保持呼吸道通畅。如呼吸困难，给输氧。如呼吸、心跳停止，立即进行心肺复苏术。就医 食入：给饮牛奶或用植物油洗胃和灌肠。就医
消防措施	危险特性：其蒸气与空气可形成爆炸性混合物，遇明火、高热极易燃烧爆炸。与氧化剂能发生强烈反应。其蒸气比空气重，能在较低处扩散到相当远的地方，遇火源会着火回燃 有害燃烧产物：一氧化碳、二氧化碳 灭火方法：喷水冷却容器，尽可能将容器从火场移至空旷处 灭火剂：泡沫、干粉、二氧化碳。用水灭火无效
泄漏应急处理	应急行动：迅速撤离泄漏污染区人员至安全区，并进行隔离，严格限制出入。切断火源。建议应急处理人员戴自给正压式呼吸器，穿防静电工作服。尽可能切断泄漏源。防止流入下水道、排洪沟等限制性空间 小量泄漏：用砂土、蛭石或其他惰性材料吸收。或在保证安全情况下，就地焚烧 大量泄漏：构筑围堤或挖坑收容。用泡沫覆盖，降低蒸气灾害。用防爆泵转移至槽车或专用收集器内，回收或运至废物处理场所处置
操作处置及储存	操作注意事项：密闭操作，全面通风。操作人员必须经过专门培训，严格遵守操作规程。建议操作人员穿防静电工作服，戴橡胶耐油手套。远离火种、热源，工作场所严禁吸烟。使用防爆型的通风系统和设备。防止蒸气泄漏到工作场所空气中。避免与氧化剂接触。灌装时应控制流速，且有接地装置，防止静电积聚。搬运时要轻装轻卸，防止包装及容器损坏。配备相应品种和数量的消防器材及泄漏应急处理设备。倒空的容器可能残留有害物 储存注意事项：储存于阴凉、通风的库房。远离火种、热源。库温不宜超过 30℃。保持容器密封。应与氧化剂分开存放，切忌混储。采用防爆型照明、通风设施。禁止使用易产生火花的机械设备和工具。储区应备有泄漏应急处理设备和合适的收容材料
接触控制及个人防护	监测方法：气相色谱法 工程控制：生产过程密闭，全面通风 呼吸系统防护：一般不需要特殊防护，高浓度接触时可佩戴自吸过滤式防毒面具(半面罩) 眼睛防护：一般不需要特殊防护，高浓度接触时可戴化学安全防护眼镜 皮肤和身体防护：穿防静电工作服 手防护：戴橡胶耐油手套 其他防护：工作现场严禁吸烟。避免长期反复接触

续表

理化特性	外观与形状：无色或淡黄色易挥发透明液体，具有典型的石油烃气味 熔点：<－60℃ 沸点：25～220℃ 相对密度：0.70～0.79 溶解性：不溶于水，易溶于苯、二硫化碳、醇、脂肪 主要用途：主要用作汽油机的燃料，用于橡胶、制鞋、印刷、制革、颜料等行业，也可用作机械零件的去污剂
稳定性资料	禁配物：强氧化剂
毒性学资料	急性毒性 LD_{50}：67000mg/kg(小鼠经口)(120号溶剂汽油) LC_{50}：103000mg/m^3，2h(小鼠吸入)(120号溶剂汽油) 眼睛刺激或腐蚀：人经眼：140×10^{-6}(8h)，轻度刺激
生态学资料	生态毒理毒性 生物降解性 非生物降解性 其他有害作用，该物质对环境可能有危害，对水体应给予特别注意
废弃处置	废弃物性质： 废弃处置方法：建议用焚烧法处置 废弃注意事项：处置前应参阅国家和地方有关法规
运输信息	本品铁路运输时限使用钢制企业自备罐车装运，装运前需报有关部门批准。运输时运输车辆应配备相应品种和数量的消防器材及泄漏应急处理设备。夏季最好早晚运输。运输时所用的槽(罐)车应有接地链，槽内可设孔隔板以减少震荡产生静电。严禁与氧化剂等混装混运。运输途中应防曝晒、雨淋，防高温。中途停留时应远离火种、热源、高温区。装运该物品的车辆排气管必须配备阻火装置，禁止使用易产生火花的机械设备和工具装卸。公路运输时要按规定路线行驶，勿在居民区和人口稠密区停留。铁路运输时要禁止溜放。严禁用木船、水泥船散装运输
法规信息	化学危险物品安全管理条例，化学危险物品安全管理条例实施细则，工作场所安全使用化学品规定等法规，针对化学危险品的安全使用、生产、储存、运输、装卸等方面均做了相应规定；常用危险化学品的分类及标志(GB 13690)将该物质划为第3.1类低闪点易燃液体；车间空气中溶剂汽油卫生标准(GB 11719)，规定了车间空气中该物质的最高容许浓度及检测方法
其他信息	参考文献：　　　　数据审核单位：msds查询网整理

附表2　渣油

化学品中文名： 化学品英文名： 技术说明书编码	渣油 residual oil 1315
成分/组成信息	有害物成分：　含量：　　　CAS　No.
危险性概述	健康危害：对皮肤有一定的损害，致接触性皮炎、毛囊性损害等。接触后，尚可有咳嗽、胸闷、头痛、乏力、食欲不振等全身症状和眼、鼻、咽部的刺激症状 环境危害：对环境有危害，对水体可造成污染 燃爆危险：本品可燃，具刺激性
急救措施	皮肤接触：脱去污染的衣着，用大量流动清水冲洗 眼睛接触：提起眼睑，用流动清水或生理盐水冲洗。就医 吸入：迅速脱离现场至空气新鲜处。保持呼吸道通畅。如呼吸困难，给输氧。如呼吸停止，立即进行人工呼吸。就医 食入：饮足量温水，催吐。就医

续表

<table>
<tr><td>消防措施</td><td colspan="2">危险特性：受高热分解，放出腐蚀性、刺激性的烟雾
有害燃烧产物：一氧化碳、二氧化碳、成分未知的黑色烟雾
灭火方法：消防人员须佩戴防毒面具、穿全身消防服，在上风向灭火。尽可能将容器从火场移至空旷处。喷水保持火场容器冷却，直至灭火结束。处在火场中的容器若已变色或从安全泄压装置中产生声音，必须马上撤离
灭火剂：雾状水、泡沫、干粉、二氧化碳、砂土</td></tr>
<tr><td>泄漏应急处理</td><td colspan="2">应急行动：迅速撤离泄漏污染区人员至安全区，并进行隔离，严格限制出入。切断火源。建议应急处理人员戴自给正压式呼吸器，穿防毒服。尽可能切断泄漏源。防止流入下水道、排洪沟等限制性空间
小量泄漏：用砂土或其他不燃材料吸附或吸收
大量泄漏：构筑围堤或挖坑收容。用泵转移至槽车或专用收集器内，回收或运至废物处理场所处置</td></tr>
<tr><td>操作处置与储存</td><td colspan="2">操作注意事项：密闭操作，提供良好的自然通风条件。操作人员必须经过专门培训，严格遵守操作规程。建议操作人员佩戴自吸过滤式防毒面具(半面罩)，戴化学安全防护眼镜，穿防毒物渗透工作服，戴橡胶耐油手套。远离火种、热源，工作场所严禁吸烟。使用防爆型的通风系统和设备。防止蒸气泄漏到工作场所空气中。避免与氧化剂、酸类接触。搬运时要轻装轻卸，防止包装及容器损坏。配备相应品种和数量的消防器材及泄漏应急处理设备。倒空的容器可能残留有害物
储存注意事项：储存于阴凉、通风的库房。远离火种、热源。应与氧化剂、酸类分开存放，切忌混储。配备相应品种和数量的消防器材。储区应备有泄漏应急处理设备和合适的收容材料</td></tr>
<tr><td>接触控制/
个体防护</td><td colspan="2">中国 MAC(mg/m^3)：未制定标准　　TLVTN：未制定标准
TLVWN：未制定标准　　工程控制：提供良好的自然通风条件
呼吸系统防护：空气中浓度超标时，必须佩戴自吸过滤式防毒面具(半面罩)。紧急事态抢救或撤离时，应该佩戴空气呼吸器
身体防护：穿防毒物渗透工作服　　眼睛防护：戴化学安全防护眼镜
手防护：戴橡胶耐油手套　　其他防护：工作完毕，淋浴更衣，彻底清洗</td></tr>
<tr><td rowspan="5">理化特性</td><td>外观与性状：黑色油状物</td><td>熔点(℃)：无资料</td></tr>
<tr><td>相对密度(水＝1)：无资料</td><td>沸点(℃)：无资料</td></tr>
<tr><td>相对蒸气密度(空气＝1)：无资料</td><td>爆炸上限%(体积分数)：无资料</td></tr>
<tr><td>爆炸下限%(体积分数)：</td><td></td></tr>
<tr><td colspan="2">主要用途：可用作裂解原料，也用作筑路材料</td></tr>
<tr><td>稳定性资料</td><td colspan="2">禁配物：强氧化剂、强酸　　稳定性：　　禁配物：
分解产物：　　刺激性：</td></tr>
<tr><td>毒理学资料</td><td colspan="2">急性毒性：LD_{50}：无资料　LC_{50}：无资料　亚急性和慢性毒性：　刺激性：</td></tr>
<tr><td>生态学资料</td><td colspan="2">生态毒理毒性：　生物降解性：　非生物降解性：</td></tr>
<tr><td>废弃处置</td><td colspan="2">废弃物性质：
废弃处置方法：处置前应参阅国家和地方有关法规。建议用焚烧法处置。
废弃注意事项：</td></tr>
<tr><td>运输信息</td><td colspan="2">包装类别：Z01
运输注意事项：运输前应先检查包装容器是否完整、密封，运输过程中要确保容器不泄漏、不倒塌、不坠落、不损坏。严禁与氧化剂、酸类、食用化学品等混装混运。运输车船必须彻底清洗、消毒，否则不得装运其他物品。船运时，配装位置应远离卧室、厨房，并与机舱、电源、火源等部位隔离。公路运输时要按规定路线行驶</td></tr>
<tr><td>法规信息</td><td colspan="2">法规信息：化学危险物品安全管理条例，化学危险物品安全管理条例实施细则，工作场所安全使用化学品规定等法规，针对化学危险品的安全使用、生产、储存、运输、装卸等方面均做了相应规定</td></tr>
<tr><td>其他信息</td><td colspan="2">参考文献：　　数据审核单位：msds查询网整理</td></tr>
</table>

附表 3　柴油

<table>
<tr><td>化学品中文名：
化学品英文名：
技术说明书编号：</td><td colspan="2">柴油
diesel oil
1995</td></tr>
<tr><td>成分/组成部分</td><td colspan="2">有害物成分：浓度：　　　　CAS No.</td></tr>
<tr><td>危险性概述</td><td colspan="2">危险性类别：
侵入途径：
健康危害：皮肤接触可为主要吸收途径，可致急性肾脏损害。柴油可引起接触性皮炎、油性痤疮。吸入其雾滴或液体呛入可引起吸入性肺炎。能经胎盘进入胎儿血中。柴油废气可引起眼、鼻刺激症状，头晕及头痛
环境危害：对环境有危害，对水体可造成污染
燃爆危险：本品易燃，具有爆炸性</td></tr>
<tr><td>急救措施</td><td colspan="2">皮肤接触：脱去污染的衣着，用肥皂水和清水彻底冲洗皮肤。就医
眼睛接触：提起眼睑，用流动清水或生理盐水冲洗。就医
吸入：迅速脱离现场至空气新鲜处。保持呼吸道通畅。如呼吸困难，给输氧。如呼吸停止，立即进行人工呼吸。就医
食入：尽快彻底洗胃。就医</td></tr>
<tr><td>消防措施</td><td colspan="2">危险特性：遇明火、高热或与氧化剂接触，有引起燃烧爆炸的危险。若遇高热，容器内压增大，有开裂和爆炸的危险
有害燃烧产物：一氧化碳、二氧化碳
灭火方法：消防人员须佩戴防毒面具、穿全身消防服，在上风向灭火。尽可能将容器从火场移至空旷处。喷水保持火场容器冷却，直至灭火结束。处在火场中的容器若已变色或从安全泄压装置中产生声音，必须马上撤离
灭火剂：雾状水、泡沫、干粉、二氧化碳、砂土</td></tr>
<tr><td>泄漏应急处理</td><td colspan="2">应急处理：迅速撤离泄漏污染区人员至安全区，并进行隔离，严格限制出入。切断火源。建议应急处理人员戴自给正压式呼吸器，穿防毒服。尽可能切断泄漏源。防止流入下水道、排洪沟等限制性空间
小量泄漏：用活性炭或其他惰性材料吸收。也可以用不燃性分散剂制成的乳液刷洗，洗液稀释后放入废水系统
大量泄漏：构筑围堤或挖坑收容。用泡沫覆盖，降低蒸气灾害。喷雾状水或泡沫冷却和稀释蒸汽、保护现场人员。用防爆泵转移至槽车或专用收集器内，回收或运至废物处理场所处置</td></tr>
<tr><td>操作处置与储存</td><td colspan="2">操作注意事项：密闭操作，全面通风。操作人员必须经过专门培训，严格遵守操作规程。建议操作人员佩戴自吸过滤式防毒面具(半面罩)，戴化学安全防护眼镜，穿防静电工作服，戴橡胶耐油手套。远离火种、热源，工作场所严禁吸烟。使用防爆型的通风系统和设备。防止蒸气泄漏到工作场所空气中。避免与氧化剂、酸类、碱类接触。灌装时应控制流速，且有接地装置，防止静电积聚。搬运时要轻装轻卸，防止包装及容器损坏。配备相应品种和数量的消防器材及泄漏应急处理设备。倒空的容器可能残留有害物
储存注意事项：储存于阴凉、通风的库房。远离火种、热源。库温不宜超过 30℃。保持容器密封。应与氧化剂、酸类、碱类分开存放，切忌混储。采用防爆型照明、通风设施。禁止使用易产生火花的机械设备和工具。储区应备有泄漏应急处理设备和合适的收容材料</td></tr>
<tr><td>接触控制/个体防护</td><td colspan="2">工程控制：密闭操作，注意通风
呼吸系统防护：空气中浓度超标时，建议佩戴自吸过滤式防毒面具(半面罩)。紧急事态抢救或撤离时，应该佩戴空气呼吸器
眼睛防护：戴化学安全防护眼镜
身体防护：穿一般作业防护服
手防护：戴橡胶耐油手套
其他防护：工作现场禁止吸烟、避免长期反复接触</td></tr>
<tr><td rowspan="4">理化特性</td><td>外观与性状：稍有黏性的棕色液体</td><td>熔点：−18℃</td></tr>
<tr><td>相对密度(水=1)：0.87～0.9</td><td>沸点：282～338℃</td></tr>
<tr><td>闪点(℃)：45～120</td><td>引燃温度：257℃</td></tr>
<tr><td>主要用途：用作柴油机的燃料</td><td></td></tr>
</table>

续表

稳定性和反应活性	稳定性:无资料 禁配物:强氧化剂、卤素 避免接触的条件: 聚合危害:无资料 分解产物:无资料
毒理学资料	急性毒性　LD_{50}　无资料　　LC_{50}:无资料 亚急性和慢性毒性:　刺激性:
生态学资料	生态毒性:无资料 生物降解性:无资料 非生物降解性:无资料 其他有害作用:该物质对环境有危害,建议不要让其进入环境。对水体和大气可造成污染,破坏水生生物呼吸系统。对海藻应给予特别注意
废弃处理	废弃物性质:无资料 废弃处置方法:处置前应参阅国家和地方有关法规。建议用焚烧法处置 废弃注意事项:无资料
运输信息	包装标志:无资料 包装类别:Z01 包装方法:运输前应先检查包装容器是否完整、密封,运输过程中要确保容器不泄漏、不倒塌、不坠落、不损坏。运输时运输车辆应配备相应品种和数量的消防器材及泄漏应急处理设备。夏季最好早晚运输。运输时所用的槽(罐)车应有接地链,槽内可设孔隔板以减少震荡产生静电。严禁与氧化剂、卤素、食用化学品等混装混运。运输途中应防曝晒、雨淋,防高温。中途停留时应远离火种、热源、高温区。装运该物品的车辆排气管必须配备阻火装置,禁止使用易产生火花的机械设备和工具装卸。运输车船必须彻底清洗、消毒,否则不得装运其他物品。船运时,配装位置应远离卧室、厨房,并与机舱、电源、火源等部位隔离。公路运输时要按规定路线行驶
法律法规	法规信息:化学危险物品安全管理条例,化学危险物品安全管理条例实施细则,工作场所安全使用化学品规定等法规,针对化学危险品的安全使用、生产、储存、运输、装卸等方面均做了相应规定
其他信息	填表部门: 填表时间: 数据审核单位:msds 查询网整理 参考文献:

附表 4　煤油

化学品中文名 化学品英文名 技术说明书编号	煤油 kerosene 1087
成分/组成部分	有害物成分　　含量　　　CAS　No:8008-20-6
危险性概述	健康危害 急性中毒:吸入高浓度煤油蒸气,常先有兴奋,后转入抑制,表现为乏力、头痛、酩酊感、神志恍惚、肌肉震颤、共济运动失调;严重者出现定向力障碍、谵妄、意识模糊等;蒸气可引起眼及呼吸道刺激症状,重者出现化学性肺炎。吸入液态煤油可引起吸入性肺炎,严重时可发生肺水肿。摄入引起口腔、咽喉和胃肠道刺激症状,可出现与吸入中毒相同的中枢神经系统症状 慢性影响:神经衰弱综合征为主要表现,还有眼及呼吸道刺激症状,接触性皮炎,皮肤干燥等
急救措施	皮肤接触:脱去污染的衣着,用肥皂水和清水彻底冲洗皮肤 眼睛接触:提起眼睑,用流动清水或生理盐水冲洗。就医 吸入:迅速脱离现场至空气新鲜处。保持呼吸道通畅。如呼吸困难,给输氧。如呼吸停止,立即进行人工呼吸。就医 食入:尽快彻底洗胃。就医

续表

消防措施	危险特性：其蒸气与空气可形成爆炸性混合物，遇明火、高热能引起燃烧爆炸。与氧化剂可发生反应。流速过快，容易产生和积聚静电。其蒸气比空气重，能在较低处扩散到相当远的地方，遇火源会着火回燃。若遇高热，容器内压增大，有开裂和爆炸的危险 灭火方法：消防人员须佩戴防毒面具、穿全身消防服，在上风向灭火。尽可能将容器从火场移至空旷处。喷水保持火场容器冷却，直至灭火结束。处在火场中的容器若已变色或从安全泄压装置中产生声音，必须马上撤离 灭火剂：雾状水、泡沫、干粉、二氧化碳、砂土 有害燃烧产物：一氧化碳、二氧化碳
泄漏应急处理	应急行动：迅速撤离泄漏污染区人员至安全区，并进行隔离，严格限制出入。切断火源。建议应急处理人员戴自给正压式呼吸器，穿防静电工作服。尽可能切断泄漏源。防止流入下水道、排洪沟等限制性空间 小量泄漏：用砂土或其他不燃材料吸附或吸收。也可以在保证安全情况下，就地焚烧 大量泄漏：构筑围堤或挖坑收容。用泵转移至槽车或专用收集器内，回收或运至废物处理场所处置
操作处置及储存	操作注意事项：密闭操作，全面通风。操作人员必须经过专门培训，严格遵守操作规程。建议操作人员佩戴自吸过滤式防毒面具（半面罩），戴化学安全防护眼镜，穿防静电工作服，戴橡胶耐油手套。远离火种、热源，工作场所严禁吸烟。使用防爆型的通风系统和设备。防止蒸气泄漏到工作场所空气中。避免与氧化剂接触。灌装时应控制流速，且有接地装置，防止静电积聚。搬运时要轻装轻卸，防止包装及容器损坏。配备相应品种和数量的消防器材及泄漏应急处理设备。倒空的容器可能残留有害物 储存注意事项：储存于阴凉、通风的库房。远离火种、热源。炎热季节库温不得超过25℃。应与氧化剂、食用化学品分开存放，切忌混储。采用防爆型照明、通风设施。禁止使用易产生火花的机械设备和工具。储区应备有泄漏应急处理设备和合适的收容材料
接触控制及个人防护	监测方法： 工程控制：生产过程密闭，全面通风。提供安全淋浴和洗眼设备 呼吸系统防护：空气中浓度超标时，建议佩戴自吸过滤式防毒面具（半面罩）。紧急事态抢救或撤离时，应该佩戴空气呼吸器 眼睛防护：戴化学安全防护眼镜 身体防护：穿防静电工作服 手防护：戴橡胶耐油手套 其他防护：工作现场严禁吸烟。避免长期反复接触
理化特性	外观与形状：水白色至淡黄色流动性油状液体，易挥发 熔点： 沸点：175～325℃ 相对密度：0.8～1.0 溶解性：不溶于水，溶于醇等多数有机溶剂 主要用途：用作燃料、溶剂、杀虫喷雾剂
稳定性资料	禁配物：强氧化剂
生态学资料	生态毒理毒性： 生物降解性： 非生物降解性： 其他有害作用：该物质对环境可能有危害，对水体应给予特别注意
废弃处置	废弃物性质： 废弃处置方法：处置前应参阅国家和地方有关法规。建议用焚烧法处置 废弃注意事项：
毒性学资料	急性毒性 LD_{50} 36000mg/kg（大鼠经口）；7072mg/kg（兔经皮） 刺激性：

续表

运输信息	本品铁路运输时限使用钢制企业自备罐车装运，装运前需报有关部门批准。运输时运输车辆应配备相应品种和数量的消防器材及泄漏应急处理设备。夏季最好早晚运输。运输时所用的槽(罐)车应有接地链，槽内可设孔隔板以减少震荡产生静电。严禁与氧化剂、食用化学品等混装混运。运输途中应防曝晒、雨淋，防高温。中途停留时应远离火种、热源、高温区。装运该物品的车辆排气管必须配备阻火装置，禁止使用易产生火花的机械设备和工具装卸。公路运输时要按规定路线行驶，勿在居民区和人口稠密区停留。铁路运输时要禁止溜放。严禁用木船、水泥船散装运输
法规信息	化学危险物品安全管理条例，化学危险物品安全管理条例实施细则(化劳发[1992]677号)，工作场所安全使用化学品规定等法规，针对化学危险品的安全使用、生产、储存、运输、装卸等方面均作了相应规定；常用危险化学品的分类及标志(GB 13690)将该物质划为第3.1类低闪点易燃液体；车间空气中溶剂汽油卫生标准(GB 11719)，规定了车间空气中该物质的最高容许浓度及检测方法
其他信息	参考文献：　　数据审核单位：msds查询网整理

附表5　硫化氢

化学品中文名 化学品英文名 技术说明书编号	硫化氢 hydrogen sulfide 54
成分/组成部分	有害物成分：　含量：　　CAS　No：7783-06-4
危险性概述	健康危害：本品是强烈的神经毒物，对黏膜有强烈刺激作用 急性中毒：短期内吸入高浓度硫化氢后出现流泪、眼痛、眼内异物感、畏光、视物模糊、流涕、咽喉部灼热感、咳嗽、胸闷、头痛、头晕、乏力、意识模糊等。部分患者可有心肌损害。重者可出现脑水肿、肺水肿。极高浓度(1000mg/m^{3}以上)时可在数秒钟内突然昏迷，呼吸和心跳骤停，发生闪电型死亡。高浓度接触眼结膜发生水肿和角膜溃疡。长期低浓度接触，引起神经衰弱综合征和植物神经功能紊乱
急救措施	眼睛接触：立即提起眼睑，用大量流动清水或生理盐水彻底冲洗至少15min。就医 吸入：迅速脱离现场至空气新鲜处。保持呼吸道通畅。如呼吸困难，给输氧。如呼吸停止，立即进行人工呼吸。就医
消防措施	危险特性：易燃，与空气混合能形成爆炸性混合物，遇明火、高热能引起燃烧爆炸。与浓硝酸、发烟硝酸或其他强氧化剂剧烈反应，发生爆炸。气体比空气重，能在较低处扩散到相当远的地方，遇火源会着火回燃 灭火方法：消防人员必须佩戴空气呼吸器、穿全身防火防毒服。在上风向灭火。尽可能将容器移至空旷处。喷水保持火场冷却，直至灭火结束 灭火剂：用雾状水、抗溶性泡沫、干粉灭火 有害燃烧产物：氧化硫
泄漏应急处理	应急行动：迅速撤离泄漏污染区人员至上风处，并立即进行隔离，小泄漏时隔离150m，大泄漏时隔离300m，严格限制出入。切断火源。建议应急处理人员戴自给正压式呼吸器，穿防静电工作服。从上风处进入现场。尽可能切断泄漏源。合理通风，加速扩散。喷雾状水稀释、溶解。构筑围堤或挖坑收容产生的大量废水。如有可能，将残余气或漏出气用排风机送至水洗塔或与塔相连的通风橱内。或使其通过氯化铁水溶液，管路装止回装置以防溶液吸回。漏气容器要妥善处理，修复、检验后再用
操作处置及储存	操作注意事项：严加密闭，提供充分的局部排风和全面通风。操作人员必须经过专门培训，严格遵守操作规程。建议操作人员佩戴过滤式防毒面具(半面罩)，戴化学安全防护眼镜，穿防静电工作服，戴防化学品手套。远离火种、热源，工作场所严禁吸烟。使用防爆型的通风系统和设备。防止气体泄漏到工作场所空气中。避免与氧化剂、碱类接触。在传送过程中，钢瓶和容器必须接地和跨接，防止产生静电。搬运时轻装轻卸，防止钢瓶及附件破损。配备相应品种和数量的消防器材及泄漏应急处理设备 储存注意事项：储存于阴凉、通风的库房。远离火种、热源。库温不宜超过30℃。保持容器密封。应与氧化剂、碱类分开存放，切忌混储。采用防爆型照明、通风设施。禁止使用易产生火花的机械设备和工具。储区应备有泄漏应急处理设备

续表

接触控制及个人防护	监测方法：硝酸银比色法 工程控制：严加密闭，提供充分的局部排风和全面通风。提供安全淋浴和洗眼设备 呼吸系统防护：空气中浓度超标时，佩戴过滤式防毒面具(半面罩)。紧急事态抢救或撤离时，建议佩戴氧气呼吸器或空气呼吸器 眼睛防护：戴化学安全防护眼镜 身体防护：穿防静电工作服 手防护：戴防化学品手套 其他防护：工作现场禁止吸烟、进食和饮水。工作完毕，淋浴更衣。及时换洗工作服。作业人员应学会自救互救。进入罐、限制性空间或其他高浓度区作业，须有人监护
理化特性	外观与形状：无色、有恶臭的气体 熔点：−85.5℃ 沸点：−60.4℃ 密度： 溶解性：溶于水、乙醇 主要用途：用于化学分析如鉴定金属离子
稳定性资料	禁配物：强氧化剂、碱类
毒性学资料	急性毒性　LD_{50}：无资料 LC_{50}：618mg/m^3(大鼠吸入)
生态学资料	生态毒理毒性： 生物降解性： 非生物降解性： 其他有害作用：该物质对环境有危害，应注意对空气和水体的污染
废弃处置	废弃处置方法：用焚烧法处置。焚烧炉排出的硫氧化物通过洗涤器除去
运输信息	铁路运输时应严格按照铁道部《危险货物运输规则》中的危险货物配装表进行配装。采用刚瓶运输时必须戴好钢瓶上的安全帽。钢瓶一般平放，并应将瓶口朝同一方向，不可交叉；高度不得超过车辆的防护栏板，并用三角木垫卡牢，防止滚动。运输时运输车辆应配备相应品种和数量的消防器材。装运该物品的车辆排气管必须配备阻火装置，禁止使用易产生火花的机械设备和工具装卸。严禁与氧化剂、碱类、食用化学品等混装混运。夏季应早晚运输，防止日光曝晒。中途停留时应远离火种、热源。公路运输时要按规定路线行驶，禁止在居民区和人口稠密区停留。铁路运输时要禁止溜放
法规信息	化学危险物品安全管理条例，化学危险物品安全管理条例实施细则，工作场所安全使用化学品规定等法规，针对化学危险品的安全使用、生产、储存、运输、装卸等方面均做了相应规定；常用危险化学品的分类及标志(GB 13690)将该物质划为第2.1类易燃气体

附表6　原油

化学品中文名 化学品英文名 技术说明书编号	原油 crude oil 85
成分/组成信息	有害物成分：　含量：　CAS No：　7003-06-8
危险性概述	健康危害：石油对健康的危害最典型的是苯及其衍生物，它可以影响人体血液，长期暴露在这种物质的环境中，会造成较高的癌症发病率(特别是白血病)。这种危害主要是来源于新鲜油，对已风化的油来说，这种危害性已大大降低。苯及其苯类物质对人体危害的急性反应症状如味觉反应迟钝、昏迷、反应迟缓、头痛、眼睛流泪等。在有些情况下，苯及其衍生物对人体的危害程度是比较重的，反应的症状像喝醉酒一样，语无伦次，继续在此环境中还会导致身体摇晃、思维混乱、丧失知觉。随着吸入量继续增加，还可能出现呼吸困难、心跳停止，甚至死亡。造成上述中毒现象主要是由石油的蒸汽引起的。当石油蒸汽比空气重时，烟雾和蒸汽会流动，并聚集在低洼或不通风的地方，此时进入该区域就会引起蒸汽中毒

续表

急救措施	皮肤接触:这是石油危害健康的主要途径。任何原油及其炼制品都对皮肤有毒性影响。石油中的环烷烃主要是环茂烃、环已烷及它们的烃基衍生物。环烷烃有麻醉作用,在体内无蓄积,一般不发生慢性中毒。但对皮肤有刺激作用,长期反复接触可引起皮肤脱水、脱脂及皮炎。高浓度蒸汽可刺激黏膜。直接吸入液态环烷烃可引起肺炎、肺水肿及肺出血。石油中的芳香烃含量一般很少,不引起造血系统的明显损害。石油通过皮肤表层、毛囊和汗腺直接对人体造成危害,长期反复接触可引起皮炎、毛囊炎、痤疮、黑皮病及皮肤局限性角质增生等 吸入:在作业现场将油的薄雾或飞溅泡沫通过呼吸直接吸入肺部。石油中的烃主要是中碳烷烃和高碳烷烃。烷烃的毒性属低毒和微毒。烷烃毒性随碳原子数增多而增大。但高碳烷烃由于沸点、熔点均高,挥发性与溶解度低,所以在实际生产中引起职业中毒的可能性反而减少。烷烃主要经呼吸道吸入(液态烷烃可经皮肤吸收微量),烷烃吸收后,主要分布在脂肪含量高的组织和器官,几乎不转化,无蓄积作用,以原来的形式迅速从呼吸道排出。人们长期接触烷烃,主要表现为神经系统功能紊乱,尤其是植物神经功能紊乱。长期接触中碳烷烃,可以出现多发性神经炎,胃肠道疾病发生率增高,肌体抵抗力下降等。中碳烷烃和高碳烷烃对皮肤和黏膜有轻度的刺激作用 摄取:摄取方式的中毒是由被污染的手取食物和抽烟引起的,意外吞食的情况也会发生
消防措施	危险特性:用于属于易燃易爆物品,遇明火和高热能引起燃烧和爆炸 灭火方法:切断气源,喷水冷却容器 灭火剂:泡沫,二氧化碳,干粉 有害燃烧产物:一氧化碳　二氧化碳
泄漏应急处理	应急行动:切断火源。尽可能切断泄漏源。小量泄漏:有沙土等不活波物质吸收和掩盖;大量泄漏,用泵转移槽车或专用收集器内,回收或收集废物所处置
操作处置及储存	操作注意事项:一是要保证生产过程的密闭化,防止泄漏。二是要加强员工的个人防护,要使员工充分认识到原油的毒害性,并采取相应的防护与应激处置措施,钻井、修井、采油等作业员工上班时必须穿工作服、戴手套。三是作业员工要保持皮肤清洁,要勤洗澡,勤换衣服,尽量减少摄入刺激性食物,不饮酒。四是对患有神经衰弱、植物神经功能失调、痤疮、毛囊炎等的员工,要予以对症治疗,确保安全健康施工
接触控制及个人防护	监测方法: 工程控制: 呼吸系统防护:建议佩戴自吸式过滤式防毒面具 眼睛防护:带化学安全防护眼镜 身体防护:穿一般作业防护服 手防护:带防护手套 其他防护:避免长期接触
理化特性	外观与形状:是一种黏稠的、深褐色(有时有点绿色的)液体 熔点:−60℃ 溶解性:不溶于水 凝点:原油的凝固点在−50～35℃ 密度:原油相对密度一般在0.75～0.95之间,少数大于0.95或小于0.75,相对密度在0.9～1.0的称为重质原油,小于0.9的称为轻质原油 主要用途:原油产品可分为石油燃料、石油溶剂与化工原料、润滑剂、石蜡、石油沥青、石油焦等6类。其中,各种燃料产量最大,接近总产量的90%;各种润滑剂品种最多,产量约占5% 原油产品在社会经济发展中具有非常广泛的作用与功能 原油产品是能源的主要供应者 原油产品,主要指原油炼制生产的汽油、煤油、柴油、重油以及天然气,是当前主要能源的主要供应者。原油产品提供的能源主要作汽车、拖拉机、飞机、轮船、锅炉的燃料,少量用作民用燃料。 农业是我国国民经济的基础产业。石油工业提供的氮肥占化肥总量的80%,农用塑料薄膜的推广使用,加上农药的合理使用以及大量农业机械所需各类燃料,形成了石油工业支援农业的主力军
毒性学资料	急性毒性　LD_{50}:无资料 LC_{50}:无资料
生态学资料	生态毒理毒性:　生物降解性:　非生物降解性: 其他有害作用:该物质对环境有危害,应注意对空气和水体的污染

续表

废弃处置	废弃处置方法：处置前应参阅国家和地方有关法规。建议用焚烧法处置
运输信息	原油和油品的装卸不外乎以下几种形式：铁路装卸、水运装卸、公路装卸和管道直输。其中根据油品的性质不同，可分为轻油装卸和粘油装卸；从油品的装卸工艺考虑，又可分为上卸、下卸、自流和泵送等类型。但除管道直输外，无论采用何种装卸方式，原油和油品的装卸必须满足以下基本要求： (1)必须通过专用设施设备来完成 原油和油品的装卸专用设施主要有：铁路专用线和油罐车、油码头或靠泊点、油轮、栈桥或操作平台等；专用设备主要有：装卸油鹤管、集油管、输油管和输油泵、发油灌装设备、粘油加热设备、流量计等 (2)必须在专用作业区域内完成 原油和油品的装卸都有专用作业区，这些专用作业区通常设有隔离设施与周围环境相隔离，且必须满足严格的防火、防爆、防雷、防静电要求 (3)必须由受过专门培训的专业技术人员来完成 (4)装卸的时间和速度有较严格的要求
法规信息	法规信息：化学危险物品安全管理条例(1987 年 2 月 17 日国务院发布)，化学危险物品安全管理条例实施细则(化劳发[1992]677 号)，工作场所安全使用化学品规定([1996]劳部发 423 号)等法规，针对化学危险品的安全使用、生产、储存、运输、装卸等方面均做了相应规定
其他信息	参考文献： 数据审核单位：msds 查询网整理